『十三五』国家重点出版物出版规划项目

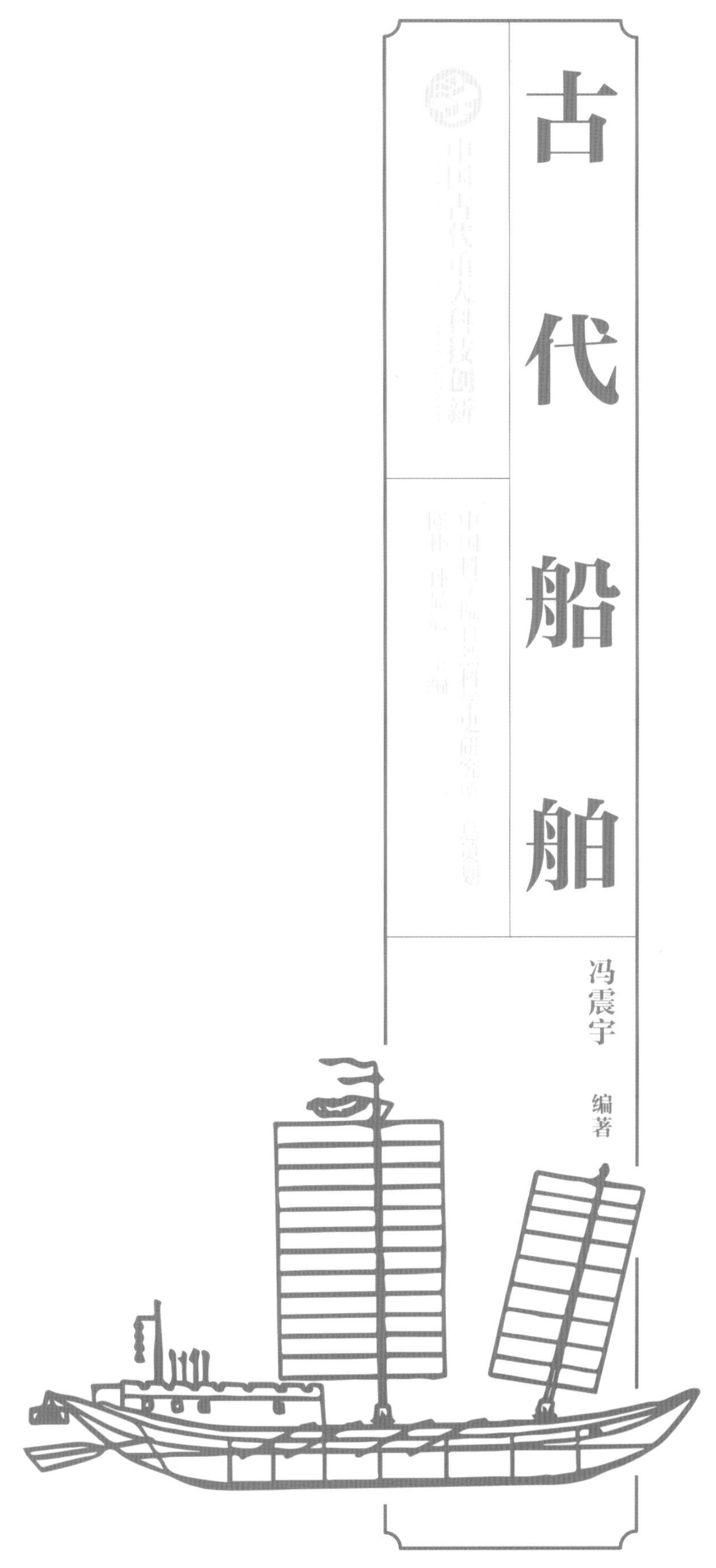

中国古代重大科技创新

中国科学院自然科学史研究所 组织编写

古代船舶

冯震宇 编著

湖南科学技术出版社 长沙

总序

中国有着五千年悠久的历史文化，中华民族在世界科技创新的历史上曾经有过辉煌的成就。习近平主席在给第22届国际历史科学大会的贺信中称 :“历史研究是一切社会科学的基础，承担着‘究天人之际，通古今之变’的使命。世界的今天是从世界的昨天发展而来的。今天世界遇到的很多事情可以在历史上找到影子，历史上发生的很多事情也可以作为今天的镜鉴。”文化是一个民族和国家赖以生存和发展的基础。党的十九大报告提出“文化是一个国家、一个民族的灵魂。文化兴国运兴，文化强民族强”。历史和现实都证明，中华民族有着强大的创造力和适应性。而在当下，只有推动传统文化的创造性转化和创新性发展，才能使传统文化得到更好地传承和发展，使中华文化走向新的辉煌。

创新驱动发展的关键是科技创新，科技创新既要占据世界科技前沿，又要服务国家社会，推动人类文明的发展。中国的“四大发明”因其对世界历史进程产生过重要影响而备受世人关注。但“四大发明”这一源自西方学者的提法，虽有经典意义，却有其特定的背景，远不足以展现中华文明的技术文明的全貌与特色。那么中国古代到底有哪些重要科技发明创造呢？在科技创新受到全社会重视的今天，也成为公众关注的问题。

科技史学科为公众理解科学、技术、经济、社会与文化的发展提供了独特的视角。近几十年来，中国科技史的研究也有了长足的进步。2013年8月，中国科学院自然科学史研究所成立“中国古代重要科技发明创造”研究组，邀请所内外专家梳理科技史和考古学等学科的研究成果，系统考察我国的古代科技发明创造。研究组基于突出原创性、反映古代科技发展的先进水平和对世界文明有重要影响三项原则，经过持续的集体调研，推选出“中国古代重要科技发明创造88项”，大致分为科学发现与创造、技术发明、工程成就三类。本套丛书即以此项研究成果为基础，具有很强的系统性和权威性。

了解中国古代有哪些重要科技发明创造，让公众知晓其背后的文化和科技内涵，是我们树立文化自信的重要方面。优秀的传统文化能“增强做中国人的骨气和底气”，是我们深厚的文化软实力，是我们文化发展的母体，积淀着中华民族最深沉的精神追求，能为“两个一百年”奋斗目标和中华民族伟大复兴奠定坚实的文化根基。以此为指导编写的本套丛书，通过阐释科技文物、图像中的科技文化内涵，利用生动的案例故事讲解科技创新，展现出先人创造和综合利用科学技术的非凡能力，力图揭示科学技术的历史、本质和发展规律，认知科学技术与社会、政治、经济、文化等的复杂关系。

另外，我们认为科学传播不应该只传播科学知识，还应该传播科学思想和科学文化，弘扬科学精神。当今创新驱动发展的浪潮，也给科学传播提出了新的挑战：如何让公众深层次地理解科学技术？科技创新的故事不能仅局限在对真理的不懈追求，还应有历史、有温度，更要蕴含审美价值，有情感的升华和感染，生动有趣，娓娓道来。让中国古代科技创新的故事走向读者，让大众理解科技创新，这就是本套丛书的编写初衷。

全套丛书分为“丰衣足食·中国耕织”“天工开物·中国制造”“构筑华夏·中国营造”“格物致知·中国知识”“悬壶济世·中国医药”五大板块，系统展示我国在天文、数学、农业、医学、冶铸、水利、建筑、交通等方面的成就和科技史研究的新成果。

中国古代科技有着辉煌的成就，但在近代却落后了。西方在近代科学诞生后，重大科学发现、技术发明不断涌现，而中国的科技水平不仅远不及欧美科技发达国家，与邻近的日本相比也有相当大的差距，这是需要正视的事实。“重视历史、研究历史、借鉴历史，可以给人类带来很多了解昨天、把握今天、开创明天的智慧。所以说，历史是人类最好的老师。”我们一方面要认识中国的科技文化传统，增强文化认同感和自信心；另一方面也要接受世界文明的优秀成果，更新或转化我们的文化，使现代科技在中国扎根并得到发展。从历史的长时段发展趋势看，中国科学技术的发展已进入加速发展期，当今科技的发展态势令人振奋。希望本套丛书的出版，能够传播科技知识、弘扬科学精神、助力科学文化建设与科技创新，为深入实施创新驱动发展战略、建设创新型国家、增强国家软实力，为中华民族伟大复兴牢筑全民科学素养之基尽微薄之力。

冯立昇

2018年11月于清华园

导言

一直以来，我国被更多地描绘为幅员辽阔的大陆性国家。但实际上，我国是拥有漫长的海岸线以及众多海岛的海陆兼备的大国，不仅有悠久的海洋文化，而且有时间较长、地域较广、文字记载较多的航海历史和海上航线，至今还留存有大量的古船、船厂、港口等历史遗迹。另外，我国古代的造船水平一直都居于世界先进水平，很多技术如水密舱壁技术、车轮舟技术等对西方国家影响深远，后者到近代的时候才掌握这些技术。尽管西方进入大航海时代后的地理大发现对世界产生了重要影响，并使得西方国家开始占据世界优势地位，但其发展过程中能够明显地看到中国造船和导航（指南针）技术的影响。

秦始皇巡游天下，徐福东渡求长生不老之术，无不彰显着中国早期造船和航海技术的高超，以及对近邻国家的影响。船尾舵、硬帆、减摇龙骨等船舶构件的发明和使用，以及水密舱壁技术、车轮舟技术等的突破性创造，推进了中国和世界造船技术的进步，甚至是革命性的进步。郑和下西洋是中国造船和航海技术发展到巅峰的表现，也是世界航海史上的奇迹，无论是其船体的巨大和船队的庞大，还是其航线的漫长，以及对途经的世界各地的影响，都是载入人类发展史册的大事件。而且，中国还流传下来一些珍贵的造船技术典籍，如《南船纪》《龙江船厂志》等，使得我们可以一睹古人的聪明智慧，是我们中华民族的宝贵财富。

近些年，国内出土了不少古船，发掘了不少造船遗址、河运和海运码头，这些考古发现既印证了中国古代典籍中的一些记载，如各种古船的形制和技术要素等，又见证了中国悠久的航海和造船历史，有力地佐证了我国不仅是陆地国家而且是海洋性国家这一重要特征。古代的造船技术是我国的宝贵文化遗产，其影响一直持续至今：一些关键技术的思路方法被今天的船舶制造所沿用；一些基本的构件还在一些船型上使用，有的构件只是更换了材质。当今，我国是世界第一造船大国，也正在实施走向深蓝的国家战略，越来越重视建设一个海洋性大国的各项举措。对于青少年来说，学习和了解我国悠久的造船历史和文化，是非常有必要的，而本书也正是为这方面做出的一种努力。

目录

第一章

中国古船的动力构件

中国古代的造船技术在时间上来看并不是最早的，但是到了公元1世纪（汉朝）的时候很快就在世界上居于领先地位，无论是在船体形制还是在结构功能方面，都有突破性的技术进展，对以后中国和世界的造船技术影响深远。中国独创的橹与世界通行的桨比起来，效率要高很多，可以使得船只获得较快的运行速度；中国的船尾舵与欧洲设置在船的侧面的桨舵比起来更具灵活性；中国的硬质帆比起欧洲的软帆来也更具优势。对于古船来说，能让其行进、停泊以及抵抗风浪，改变航向和速度的动力构件所起的作用是非常关键的。本章主要对篙、桨、橹、舵、帆、碇与锚等构件的形制和工作原理进行简明扼要的介绍。

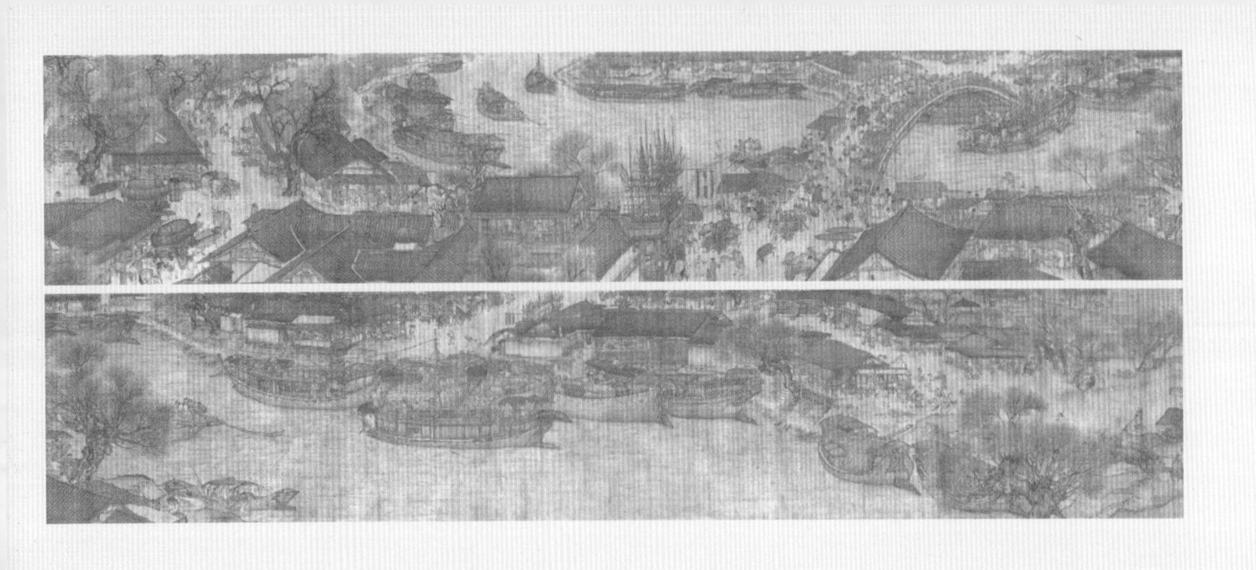

清明上河图

北宋宫廷画师张择端的著名作品《清明上河图》流传至今，得到广泛的传播。这张图画得非常真实，是研究宋代内河船极为珍贵的资料。图面大体由当时的开封、近郊和汴河三部分组成，对宋都汴京的繁荣景象，人民的劳动和生活，汴河上各种船舶繁忙的运输和船工活动，均有详尽而细致之描绘，特别是对汴河上各类船舶繁忙的运输和船工活动描绘得细致入微。在汴河的画面中，共有客船、货船、漕船、游船等类船舶二十余艘，举凡船舶的形态和所属的桅、篷、舵、橹、锚、帆、篙等设备及其应用。船工的操作形态通过船舶行驶、靠泊、拉纤、过桥等场面而生动地描绘出来。货船的船上装有『人』字桅，过桥时可以放下。帆用席制。船首尾各有大橹一支，需6~8人操作。舵的面积很大，可以升降。在浅水水域，把舵升起，用橹操纵着航向；在深水水域，把舵降到船底之下，以提高舵效和航向稳定性。船首部还有起碇（锚）用的绞车。客船两舷都有相当大的方窗，通风、采光条件较好，船上布置也适应船工操驾的要求。《清明上河图》的原件现存于北京故宫博物院，为研究我国古代内河水运与造船技术提供了珍贵的史料。

篙和桨

在中国古船发展的最初阶段，使得船只运行的动力来自于两种方式，一是用纤绳拉动，二是用篙撑动，由此产生推动力。篙是一根长竹竿或长木棍，用来插入水底或岸边的泥土中，借助在水中的反作用力来推动船只向反方向浮动，非常适用于在较浅的河道和靠近岸边的地方使用，进入深水区之后则无能为力。竹篙比木篙轻，而且竹子留不住水，木头进水后却很重，所以人们较多的时候都选择竹篙。一般还会在竹篙上增加篙头，可以由此增加竹篙的重量使它快速下沉，克服竹子在水中的浮力。篙出现的时间较桨为早，是一种更为古老的船动力构件。

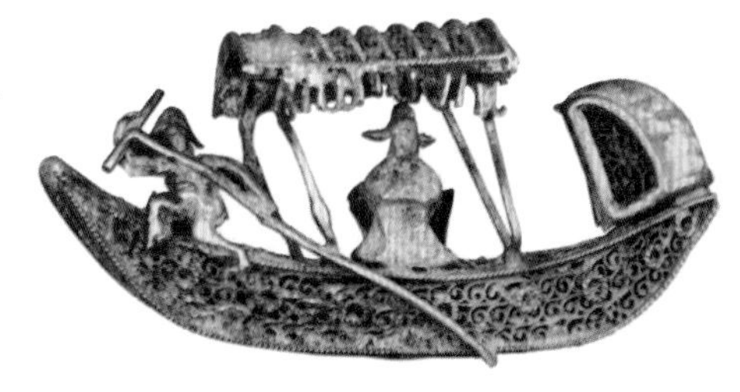

图 1-1　明代游舫形簪首中的篙

说明　还记得学过的古文《核舟记》吗？“明有奇巧人曰王叔远，能以径寸之木，为宫室、器皿、人物，以至鸟兽、木石，罔不因势象形，各具情态。尝贻余核舟一，盖大苏泛赤壁云”，这是魏学洢对王叔远精湛技艺的高度赞扬。金簪的制作稍在其前，可视作同一风气下的巧工。明代头面中，小插虽是配角，其簪首亦精致可爱，小巧玲珑。如图 1-1 所示的游舫形簪首，扬之水先生描述：用花丝掐作船形，再以小卷草平填作一叶扁舟，船尾做出乌篷，中间用四根金条撑出一个小卷棚，棚周以细金条仿丝帛做成披垂的沥水，卷棚下设圈椅，士子手持折叠扇巾服倚坐，船头艄公屈步躬身，长篙刺水。圈椅背面焊扁管，其中一支内插一柄银簪脚，余两支失脚。虽然无风无水，而荡舟中流湖天一色之境宛然。

行船时，将篙插入水中用力一撑，船只便向用力的反方向行进。一般由一人在船头撑篙之后，走到船尾，另一人则手握篙从船尾走到船头，撑篙入水，如此交替不歇，船只便会一直向前行进。需要让船停靠时，便将篙抵住岸边，使得船只慢慢向岸边靠近，直到停止。在舟船发展的最初阶段，篙在船只的启动、行进、停泊中都起到了非常重要的作用。

在古代绘画和影视作品中，我们经常可以看到一叶扁舟撑篙而动的情形，尤其是在船形较小的时候，篙的作用非常重要，曾长期居于主导地位。但是篙的作用有限，在深水区或者较远距离的航行中，以及发展到后来船形变得越来越大的时候，它便有点无能为力，船只需要使用桨、橹、舵等构件来完成一系列操作。

图 1–2　篙在小型船只上依然发挥着重要作用

图 1–3　《渔舟读书图》中的篙
故宫博物院藏

说明　《渔舟读书图》是明代画家蒋嵩创作的一幅绢本设色画，现藏于北京故宫博物院。湖面上一条篷船荡漾，船尾一人静坐读书，船头渔夫用力撑篙，钓竿斜插于船上，表现了文人士大夫闲适安逸的生活情趣。

图 1–4　《朔风飘雪图》中的篙 

元　唐棣

说明　此作为唐棣 57 岁时作品。画中，近处坡岸，怪石林立，苍树挺拔，溪流回转其间，与江面气脉相通。对面高崖嶙峋，主峰耸立。峰间一挂飞瀑倾泻而出，瀑底雾气迷蒙。一舫暖舟横于波间，一童于船头奋力撑篙而行，另外，二童于船尾力摇橹舵，船舱内的高士却于其间双手抱胸，焚香静坐，动静相合处虽朔风飘雪却一派悠然。

据《清稗类钞》记载，乾隆南巡过江时，见一渔船荡桨而来，命纪晓岚咏诗，限用 10 个“一”字。纪晓岚立成一首七绝云：“一篙一橹一渔舟，一个梢头一钓钩。一拍一呼还一笑，一人独占一江秋。”在短短的 28 个字中，连用 10 个“一”字，把诸多景物和动作排成诗句，别有韵味。为我们描绘了一幅渔翁在江上悠闲自在的情景，着实让人向往！诗中的篙，即船篙，也称竹篙、篙子。

桨也是中国古船上较早出现的动力构件之一，是双手作用的延伸，古代将长一点的桨叫作棹（zhào），一般用于站立着划船，短一点的桨叫作楫（jí），一般用于坐着划船。桨由两部分组成，深入水中的是扁平的桨叶，握在手中的是圆柱形的桨柄，由此用力划动，利用水的反方向作用力来推动船只的前进。桨的出现，使得船只可以进入深水区活动，进行一定程度的远距离航行，是船只推进工具中的一次进步。划桨比撑篙有明显的优越性，不必依赖岸边、河底这些支撑点就能前进，而且更为省力。与篙不同的是，桨只能提供船只行进的动力，而无法主导船只的停靠，需要用纤绳系在岸边的固定物上（如树、石头），或者需要与船碇的使用相结合才可以实现。

现在我们能看到最早古代水军图画是战国时期青铜器的纹饰，从中可以看到桨的形制。战国时期描绘“水陆攻占图”一类的青铜器，我国已出土多件，如故宫博物院藏战国镶嵌宴乐攻战纹铜壶、1965 年成都出土的战国水陆攻占纹铜壶、1935 年河南汲县（今卫辉市）出土的战国水陆攻战铜鉴。

从这些战国青铜器的纹饰可以看出，桨在我国的使用是非常普遍的，不仅用于普通的推进和操纵船只，而且还可以用于战争这一古代的重要活动和行为，其技术也是相当熟练的。

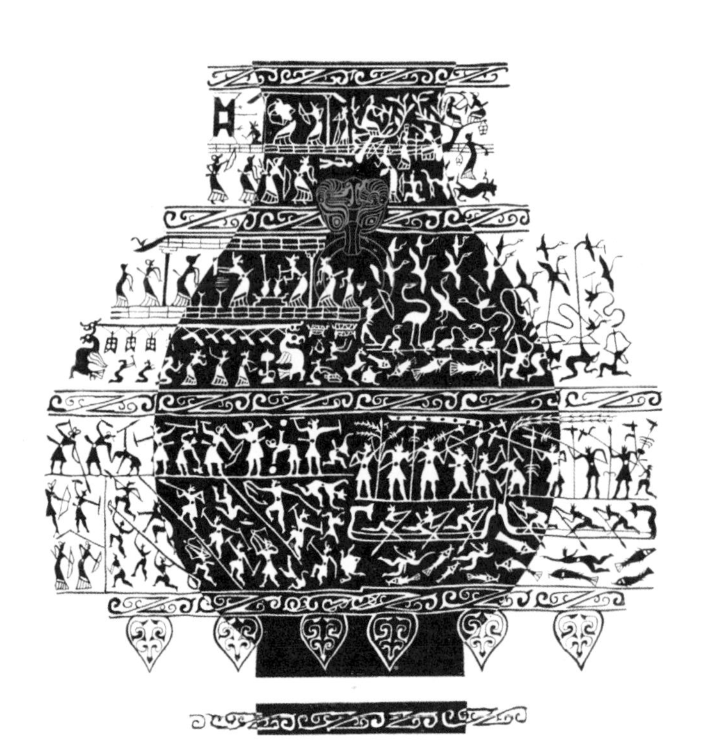

图 1-5　战国镶嵌宴乐攻战纹铜壶上刻画的桨

说明　故宫博物院藏的战国宴乐攻战纹铜壶是传世品，原出土时间不详。第三区为水陆攻战的场面，水战的部分，两只战船上的军士正在奋力划桨，接弦而战，场面非常激烈。

图 1–6　战国嵌错水陆攻战纹铜壶上刻画的桨

说明　中国中央电视台《如果国宝会说话》第二季播出了四川博物院的水陆攻占纹铜壶，它用嵌错法，记录了战国时期贵族生活的情境。水战时激起的波澜，是这个时代在时光之河里发出的声响。舟行如梭，船上武士个个精神抖擞，奋勇前进，双层战船，犬牙般纠缠在一起，上层士兵用长柄兵器相互击杀，下层水手奋力划桨，有的士兵跳船作战，船尾还有人击鼓，以壮声威。水军是中国春秋末期才形成的新军种，且出现在傍海临江的地区，在考古发掘中尚未发现春秋战国时期的水军物品，所以，这组水战的图像非常珍贵。

我国在对河姆渡遗址和钱三漾遗址的发掘过程中，均出土了距今几千年的桨，表明我国对桨的制造和使用具有悠久的历史。在东汉刘熙的《释名》中，有对桨的形制和名称、作用的详细解释，可见古人在实践中和理论中对桨的认知已经非常深刻，也显示了桨是一种重要的、被日常生活所接纳和频繁使用的古船动力构件。

图 1–7　战国水陆攻战铜鉴上刻画的桨

说明　1935 年河南汲县出土的一对战国早期的嵌错水陆攻战纹铜鉴，有两楼船作战场景，战船是桨船，分上下两层，上层为战士，甲板上为手持弓矢的士兵，下层为桨手，甲板下为面对前方站立的划桨手，形象生动。

图 1–8　河姆渡遗址纪念邮票中的桨

说明　《河姆渡遗址》是原中华人民共和国邮电部为了展示中华民族悠久的文化遗产，于 1996 年 5 月 12 日发行的特种邮票。《河姆渡遗址》邮票全套 4 枚，分别描绘了河姆渡遗址出土的骨耜、木构件、木桨、象牙器的形象。《划桨行舟》的图案背景是用蓝灰色调描绘的坐落在姚江边上的建有河姆渡遗址博物馆的河姆渡遗址现貌，主图选用了两把距今 6500 ~ 7000 年的木桨。画面中，一把与现代小木船所用的船桨相似；另一把是用整块硬木加工精制而成，圆柄，桨叶呈柳叶状，桨柄下端还有用直线和斜线组成的阴刻图案，十分精致美观。可以想象，河姆渡先民划桨行舟，不仅能够捕获水中猎物，而且还会向更广阔的水域或“彼岸”进行搜索和开拓，创造新生活。

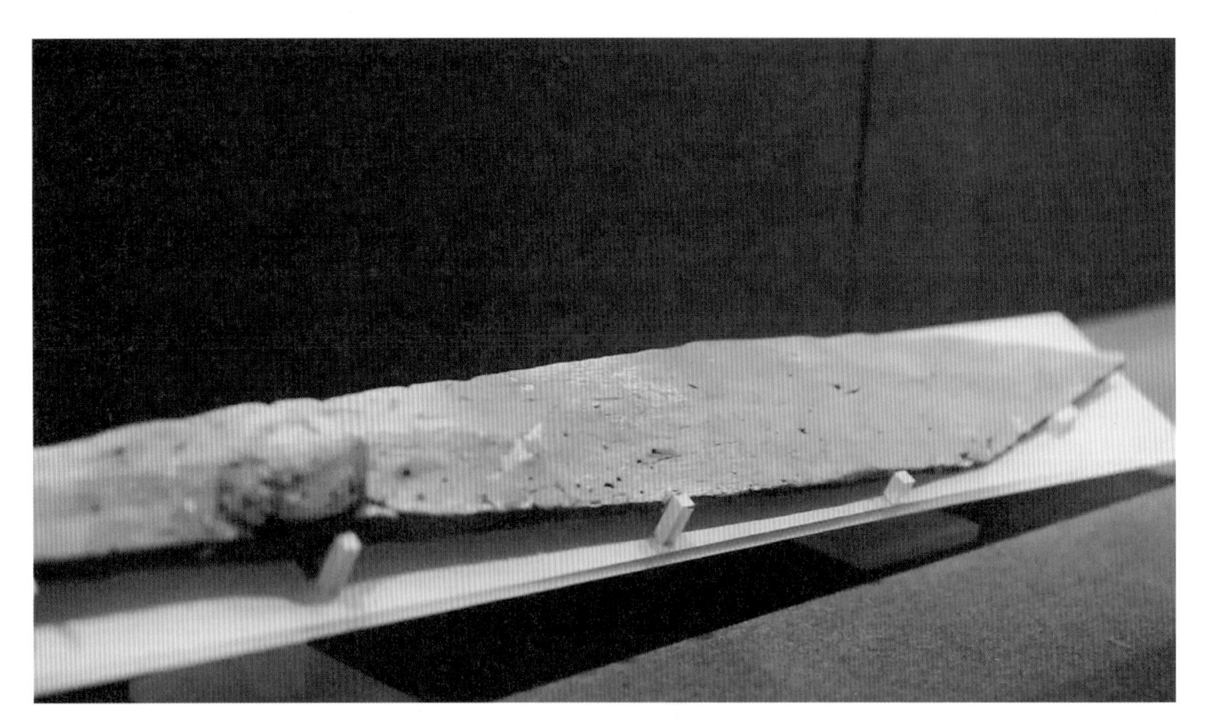

图 1-9　余姚河姆渡遗址博物馆展出的木桨

说明　1973 年在河姆渡出土的木桨，是迄今为止在我国发现的最早的木桨。它是用一根整木削制做成的，上部为桨柄（已折断），下部为桨叶。从已断的桨柄来看，断面略呈长方形，其粗细可用手握，上面还刻有许多线纹图案。桨叶的外形比较完整，叶长约 50 厘米，宽 12.3 厘米，厚度仅 2.1 厘米。桨的外形像一片树叶，使用较方便，和现在的木桨差不多，只不过加工稍微粗糙一点罢了。

图 1-10　良渚古城北城墙考古发掘的木桨

说明　2019 年 7 月 6 日，第 43 届联合国教科文组织世界遗产委员会会议（世界遗产大会）在阿塞拜疆巴库举行，中国良渚古城遗址当天获准列入世界遗产名录。至此，中国世界遗产总数达 55 处，位居世界第一。良渚古城遗址位于浙江省杭州市，是太湖流域一个早期区域性国家的权力与信仰中心。良渚古城有 9 座城门，但只有 1 座陆门，剩余 8 座皆为水门。经考古发掘证实，良渚人的常用交通工具，有用单根树干挖成的独木舟，以及用竹材捆扎而成的竹排。为这些竹制交通工具提供推力的，既有简单的竹撑杆，也有制作精细的木船桨。

图 1-11　龙舟比赛中的桨

划桨的姿势有坐姿和立姿，在古人的画作中，我们经常可以看到手握双桨荡一叶扁舟在河中的情景。直到现在，在龙舟比赛等活动中，桨依然是一个非常重要的存在。桨手是龙舟前进的动力，龙舟前进速度的快慢取决于龙舟桨手的数量和力量。龙舟上桨手的数量视龙舟的大小而定，传统龙舟（长龙）50～90人，标准龙舟（短龙）20人。桨手划桨的姿势要统一，否则会影响竞赛的集体配合。

桨在中国古船构件中的作用是比较重要的，是其他构件出现和发展的基础，它的上部的桨柄往长发展便成了梢（shāo），它的下部的桨叶往宽发展便成了舵，两种不同的演化方向形成了两种不同的古船构件。

图1-12 《清明上河图》中的梢

说明 《清明上河图》中有用梢控制航向的生动画面，图画中一只航行的船只，八个船工在船上操纵大梢。他们喊着号子，和谐一致，配合协作，将船驶向远方。

◢ 图 1–13 《千里江山图》中的梢

说明 《千里江山图》中描绘了很多船，概括起来包括两种船，一种是漕船，另一种是客船。客船左右两侧各有垂直的船舱，与《清明上河图》中的客船相似。我们可以从画中看到长梢在客船行驶中起到的动力作用。

梢的柄非常长，需要好几个人一起操作，使出较大的力气，才能够对船只的行进方向产生影响，一般设在船的尾部，也有船首和船尾各设一个的情况。梢是桨的加长版，是桨的一种变体，后来在造船技术发展过程中所起的作用较小，主要在内河航运中较为常见，远不如桨的另一种变体——舵——产生的影响大。舵从汉朝开始出现，并得到广泛应用，到唐宋时已经发展得相当完善。由此，人们对船只行进方向的掌控能力也变得更加成熟，这是中国造船技术的重要进步。

橹

我国汉代发明的橹，被认为是“最科学的发明”之一。相较于桨和篙而言，橹的出现是中国造船史上一项突破性的技术发明，对世界造船技术的发展做出了重大贡献。传说鲁班看见鱼儿在水中挥尾前进，遂削木为橹。鱼尾的摇动能产生推力，游鱼前进的方式当然会给人们启迪，加以模仿。只要把桨板以一定角度左右摇动，桨就会变成船只的“鱼尾”。而当桨的操作方式改为鱼尾式的“摇动”后，它就发生了质的飞跃：桨变为最初的橹了。

橹的形制有点像加长的桨，比其更长更大，位于船的两侧或尾部，一端支在船上，一端伸入水中。与桨的划动不同，橹是靠摇动来发力的。桨一般是前后划动，橹则一般是左右摇动。桨每次划动的时候，是间歇式做功，在桨叶露在水面上时其动力是浪费掉的；而橹则可以保持一直在水中，像鱼尾一样摆动，持续产生动力，推动船只前进。橹摇动轻便，比划桨要省力，从原来的“划”演变为“摇”，且做的都是实功，不像桨离开水面时做的是无用功，故功效大于桨，亦有“一橹三桨”的说法。橹提高了工作效率，这种变革是跨越性的。

与桨和篙相比，橹是一种更加高效的动力工具，橹不但提供动力而且还能掌控方向，使得人们操纵和控制船只的能力变得更强，能够满足更多、更大的水上运输需求。因此，自从它出现后，其在内河、沿海、远洋航行中均得到了广泛应用和推广。橹是中国船的特点，外国船没有橹，后来有人从中国的橹得到启发，发明了螺旋桨。

图 1–14　古人画中摇动的橹

橹在最初出现时位于船的侧面，后来逐渐发展成同时位于船的侧面和尾部，产生合力，来操纵船的行进速度。船上配备的橹的数量也逐渐增多，体量也增大，由多人一起摇动，所产生的推动力也更大。后来出现的帆与橹配合使用，将风力和人力结合在一起，使得船只获得更大的推动力，航行速度和航行距离都得到大力提升，可以实现更多的航行目的。其结构图如图 1–16 所示。

橹的构造由水面之上的橹柄和水面之下的橹板构成，在船上的支点是一个球形的支钉，橹身与支钉接触的地方有半球形凹槽，因此能够获得非常灵活的转动角度。而橹柄的末端则由橹绳与船板拴在一起，用手摇动橹绳，会带动橹柄摇动，进而使得水中的橹板左右摇动，产生压力差，推动船只前进，就像鱼儿摆动尾巴那样。摇橹是将橹柄一推一拉，来回摇动，同时橹板也随着摇动一来一去地在水中划动，由此产生远较桨高效的动力。古人用“轻橹健于马”来形容橹的轻便，摇橹之轻，使得老人小孩都能胜任；用“健橹飞如插羽翰”来形容橹的快捷高效，就是说摇橹的船像飞箭一样快。

图 1–15　船模上的橹 ◥

图 1–16　橹结构图 ▶

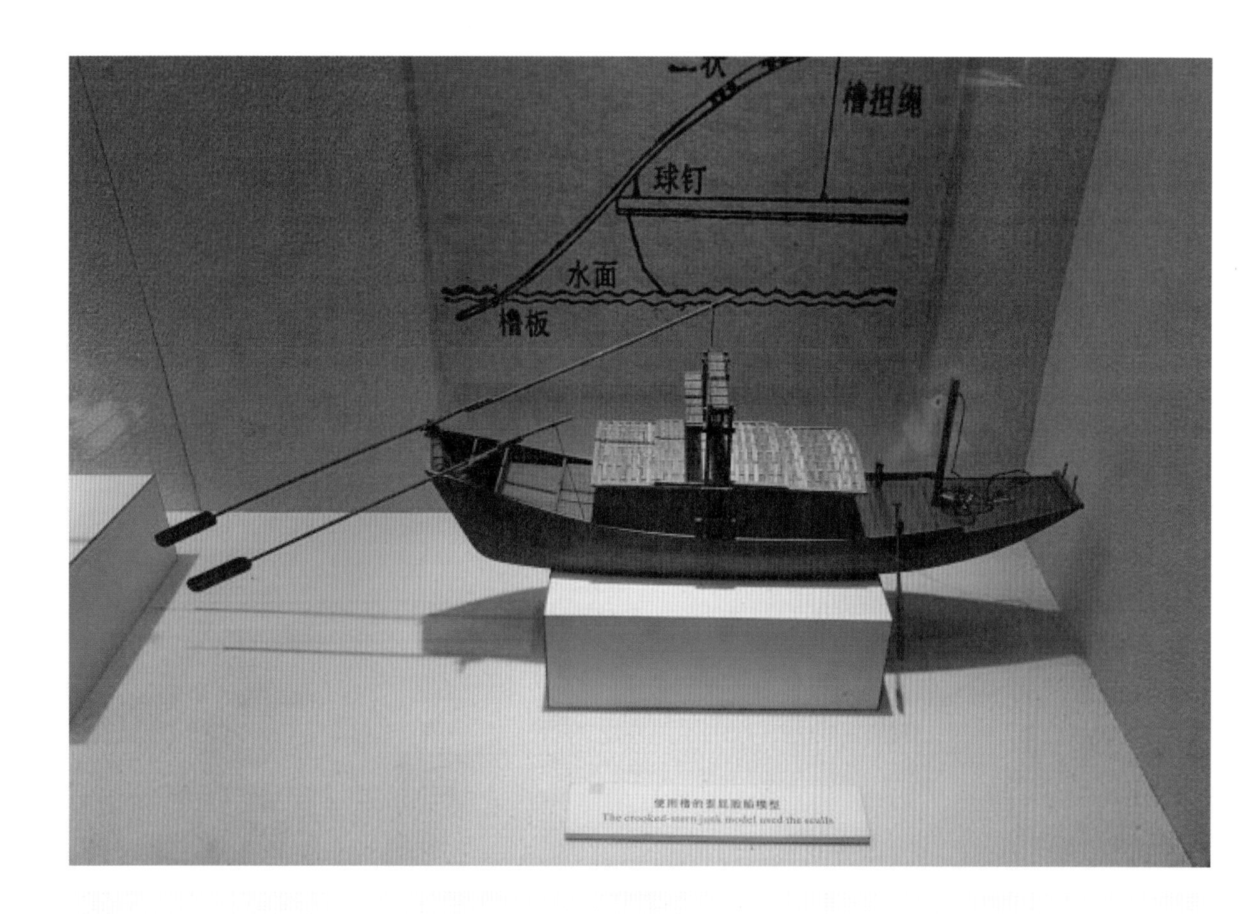
橹担绳
球钉
水面
橹板

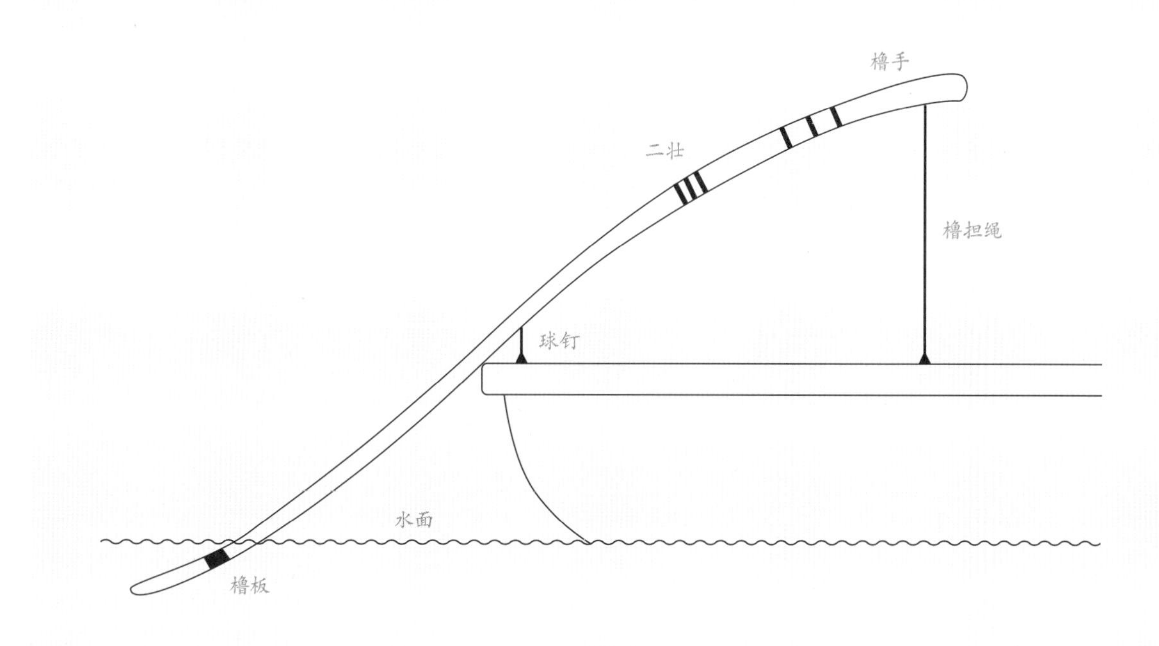
橹手
二壮
橹担绳
球钉
水面
橹板

从“在旁曰橹”的记载看来，汉代大都是用边橹的，这恐怕也是从长桨演变来的一点痕迹。到了宋代，橹的使用更为普遍，特别是在内河船上。到了明代，橹在船上的数量之多达到空前的地步。有的船干脆就以橹的数目命名，如“八橹船”等。在船的发展过程中，不仅橹的数目增加了，橹本身也在不断向前发展。后来，人们发现橹在尾部推进和操纵的效果都更好，所以尾橹便出现了。随着船的增大，橹的形制也越来越大，从单人摇、双人摇，到十几个人摇一支大橹。

虽然橹的用途越来越小，它也被发动机的机桨叶子所取代，从而木橹渐渐地淡出人们的视线，但还是有用橹的地方，在当今的旅游景点、小村镇的河上，依然有大量的使用橹作为动力的船只。此外，有的地方渔民用橹摇船干活还是有用的，比如张丝网、放虾笼、放鱼食等一些需要不紧不慢地干活的时候，用木橹摇船比机桨船更为实用方便。而且，橹的制作技艺还被一些地方列为非物质文化遗产，并确立了非遗传承人，用来发扬光大我国的舟船文化。2014 年吴江造船技艺（七都船橹制作技艺）被列入第六批吴江区非物质文化遗产项目，2015 年施新江师傅成功申报该项目的代表性传承人。

◀ 图 1–17　羽人船纹铜提筒中的橹

说明　1983 年广州出土的羽人船纹铜提筒，画面描绘似打仗后凯旋，或是一种海上祭祀的情景。其船纹，指的是纹饰中的羽人驾驶的战船。这些船首尾相连，形成船队。每只船有 5 个饰长羽冠的羽人，他们分工不同，船上的第五位羽人正操持着一条大弧度狭长物体，物体由船身延伸到船甲板之下，最有可能的是效率较高的推进工具——尾橹。橹的出现是船舶推进工具的巨大革新，羽人船纹铜提筒上的橹是目前所见关于橹的最早的形象证据。

▶ 图 1–18　小河道上依然在使用的橹

舵

与国外相比，中国出现风帆的时间较晚，但是在船尾舵方面，中国则要比西方国家早 1000 多年。而且，中国古船的舵从产生后与帆配合使用，两者相得益彰，从此如虎添翼，开创了帆船航行的新时代。

图 1–19　广东出土陶质船模尾部的舵

说明　1955 年广州东汉墓中出土了一个陶质船模，尾部有一个舵。此舵与桨非常相似，是从桨向舵转化过程中的产物。它的叶面宽度比桨的叶面要宽，明显属于用来操纵航向的舵。

图 1–20　中国航海博物馆中福船的尾舵

图 1–21　1957 年发掘的大舵杆
国家博物馆　藏

说明　1957 年在南京宝船厂出土长 11.07 米的铁力木舵杆，现展览于中国国家博物馆。这表明明代铁力木船材尚充裕，明代造船在船只的关键部位喜欢选用铁力木作为舵杆。

舵是掌握航向、操纵船只航行的工具，古人称舵为“凌波至宝”。1955 年，广州的东汉墓中出土了一个陶质船模，尾部有一个舵，这是世界上最早使用舵的舟船模型的实物。由此证明了，早在汉代，中国就有了船舵。与欧洲将舵设于船的侧面相比，中国的舵设于船尾，一般称为船尾舵，被现在的船史专家认为是中国古代造船技术的“四大发明”之一，其他三项是水密舱壁、车轮舟、指南针。船尾舵是中国造船技术的一个重大发明，而且影响到了阿拉伯国家，进而由阿拉伯人传播到西方国家，为 15 世纪人类大航海时代的开创做出了重要贡献。

舵是桨的功能延伸之一，最开始出现的舵其实就是一条加长了的桨，后来其桨叶逐渐变宽、面积变大，设于船的尾部，用来操控船只的行进方向。早期的船只操控并不用舵，但随着船只的体势增大，特别是海上行船单靠桨是无法控制方向的，于是舵桨便随之产生。在浅水区时可以靠篙的支撑来改变航向，但是在深水区的时候，便只得依靠更为专业的舵。人们常说的“见风使舵”形象地体现了舵的功能，在遇到风浪时，船体受到某个方向的力的冲击，就需要使用舵来回正方向，避免倾覆。

舵主要有两大功能：一是具有保持船只航行方向的能力，称为航向稳定性；二是有改变船只航行方向的能力，称为回转性。舵与桨的作用原理不一样，桨是靠划动来产生动力，带动船只前进；而舵不划动，它的动力来源于水流在舵上冲击形成的舵压，从而改变船只的行进方向。

舵主要由舵叶和舵杆组成，舵叶是产生水压力（即舵力）的部分，舵杆的作用是转动舵叶。舵的工作原理是当水流以一定速度冲击舵叶时，便产生水压力，此作用力通过舵杆传递到船体上，从而达到影响船只航向的目的。而且，中国船舵的特色是它与风帆一起进行完美的配合来影响和控制船只的行进，这是西方国家没有的。西方最初出现的舵位于靠近船尾处的船舷两侧，与中国位于船尾处的舵相比，其操控性较差。中国船尾舵的优势也受到了国外科技史研究者的关注，美国学者坦布尔在其著作《中国：发明与发现的国度》（图1-22）中写道："如果没有从中国引进船尾舵、罗盘、多重桅杆等改进航海和导航的技术，欧洲绝不会有导致地理大发现的航行，哥伦布也不可能远航到美洲，欧洲人也就不可能建立那些殖民帝国"。

图1-22 《中国：发明与发现的国度》书影

图1-23 《清明上河图》中的平衡舵

说明 《清明上河图》中描绘的舵是适合船只航行于水浅和弯曲河道的平衡舵。这种舵的舵叶面积有一部分在舵杆之前，转舵既能轻捷省力，又可改善船舶操纵的灵活性。同时，这种舵的舵柄可以升降，当航道水浅时，可提控舵的铁链将舵升起，以免舵叶插入河底泥中，当航道水深时，可使舵下降，以提高舵的效力。

在中国古代造船技术发展的过程中，舵也演化出了不同的形制，按照舵的运行方式有从拖舵到轴转轴舵的进步，按照舵的形状则有不平衡舵、平衡舵、开孔舵等的区别。舵在东汉以前已经问世，是处于船尾的拖舵，随后不断得到改进。最晚到唐代，船尾舵已开始转变为沿垂直轴转动。到了北宋时期，垂直转轴舵则广泛流行，而且发展成为平衡舵。

舵在最开始出现的时候是一种残留着以桨代舵的痕迹的拖舵，不是像后来一样沿着竖直的舵杆轴线转动的转轴舵，但是它的叶面宽度已经远远超过了桨的叶面宽度，是专用于操纵航向的舵。到了唐代，出现了围绕竖直的舵杆转动的转轴舵，这是走向成熟的舵，也是脱离了以桨代舵痕迹的真正意义上的船尾舵。

围绕竖直的舵杆转动的转轴舵在最开始是不平衡舵，即所有的舵叶都分布在舵杆之后。北宋时期出现了平衡舵，这种舵是将一小部分舵叶移到舵杆前面，一大部分在舵杆之后，这样能够减小舵面的转动力矩，使操纵更灵活轻便。

南宋海船上还出现了可随水深浅而升降的升降舵，当船进入深水区时可降下船舵超过船底线，扩大舵的浸水面积而提高舵效；当船进入浅水区时就用绞关将舵提起，以免舵碰触水底而损坏。后来广东地区还出现了在舵面上打了许多孔的开孔舵，可有效地减小转舵力矩，从而使转舵省力，而对舵效影响甚小。平衡舵可以使转舵省力快捷，可保证操纵船舶航向的灵活性，这是一项极为重要的技术发明。北宋的张择端的传世名画《清明上河图》中所表现的汴河船就出现了平衡舵，这说明我国在 12 世纪初就已经开始应用平衡舵。天津静海区出土的宋代内河船的平衡舵堪称世界第一平衡舵，因为在 1117 年，西方还未曾出现过舵，更不用说平衡舵的出现了，可见当时宋代造船技术的世界先进性。

图 1–24　静海县宋船复原模型中的船尾舵

说明　1978 年 6 月，在天津静海区发掘了一只宋船，该船没有隔舱，没有桅杆遗迹，但在船尾有一个完整的平衡舵，这是现在能够看到的世界上最早的船尾舵实物遗存。

相对而言，不平衡舵在受到水力冲击时转动不灵活，因此其被水冲击后的角度改变较小，需要复位或调整的需求也较小；而平衡舵则因为受到水力冲击时较为灵活，角度随时都可能轻易改变，因此需要复位或调整的需求就较大。在实际运行中，内河航运因其河道窄小，需要较多较频繁地改变船只行进方向，因此灵活的平衡舵占据主导地位；而在宽阔的海上航行中，改变船只行进方向的频率较低，所以不灵活的不平衡舵占据主导地位。

开孔舵主要出现在三大船型之一的广船上，其舵叶上开出很多小孔。这种开孔的舵叶在与水流冲撞时，一部分水流通过小孔穿过舵叶，水流对舵叶形成的压力被分散掉一部分，使得转舵时遇到的阻力减小，操纵起来更加灵活。而且，根据船史专家的研究，由于水的表面张力的作用，这些小孔不会影响舵的性能。在广船上，开孔舵较多的时候与操作费力的不平衡舵相配合，以达到既能实现操舵灵活，又能实现稳舵的优势，将两者合二为一。

升降舵一般应用在海船上，可根据所过水域的深浅而降下或升起。航行时，遇到较大的风浪，可以把舵降下，提高舵效，使得船底下的水流不受风浪的影响，可以起到减弱船只的横向漂流、稳定船身的作用。遇到水底障碍物较多时，可将舵提起，起到保护的作用。从舵的发明到改进，可以看到尽管古代还没有可能了解到其中的科学原理，但已经积累了丰富的造船和航海知识。

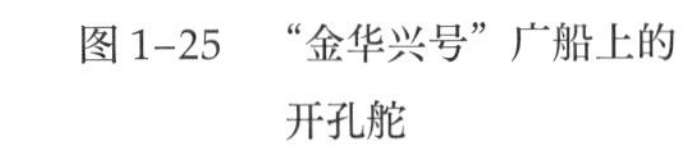

图 1–25　“金华兴号”广船上的开孔舵

说明　“金华兴号”始建于 19 世纪中期，距今百余年，建造地是粤东的饶平，后几经波折，卖到福建捕鱼，又因陈旧翻新而幸存，成了一艘即将报废的三桅木帆船，称之为“中国传统风帆海船仅存的杰作”。它具有一切广船特征，图中所示是广船的重要特征之一——开孔舵。

帆和桅

中国古船上的帆和桅（wéi）是相辅相成的一对技术构件，桅为一圆杉木高杆，弹性较好、强度较高、抗腐蚀性较强，用来披挂风帆，需要张帆时将风帆从桅杆上升起，不需要时将风帆降下。古代船只从单桅单帆发展到了多桅多帆，最开始的船体较小，都是单桅单帆，后来随着船体的增大，一般会布置主、首、尾三个部位的三桅三帆，郑和宝船的九桅十二帆则创世界之最。图 1-26 是敦煌 45 窟壁画中的帆。帆和桅的出现，是船只进行远洋航行的重要技术保障，人类真正进入全球航海时代。

1–26　敦煌 45 窟中的帆

桅的材料较多使用杉木，质地柔软富有弹性，抗折能力强。而且，杉木是我国长江流域、秦岭以南地区栽培最广、生长快、经济价值高的用材树种，取材便利，非常适合满足造船需求。主桅一般位于船的重心之前，即船体靠前的部位。

风帆在战国时期出现，到了汉代得到广泛应用，最早的记载出现在《南州异物志》这本书中。汉代《释名》解释帆为：顺着风势张挂布幔，让船走得快。唐代大诗人李白也写有“直挂云帆济沧海”的绝妙诗句。帆有软帆和硬帆之分，用布缝制而成的风帆面是布面，因其质软而称“软帆”，西方国家使用较多。硬帆是指风帆面用竹篾、蒲草或其他植物编织而成的帆面，与布面相比，这种帆称为“硬帆”，中国使用较多。此外，还有一种中国特有的软硬结合帆。它的帆面虽用布料，但在布帆面上横置好几根竹条用来支撑帆面，使得风帆具有一定的硬度，这种软硬结合帆是中国帆的特色。

图 1–27　中国航海博物馆展出的船帆

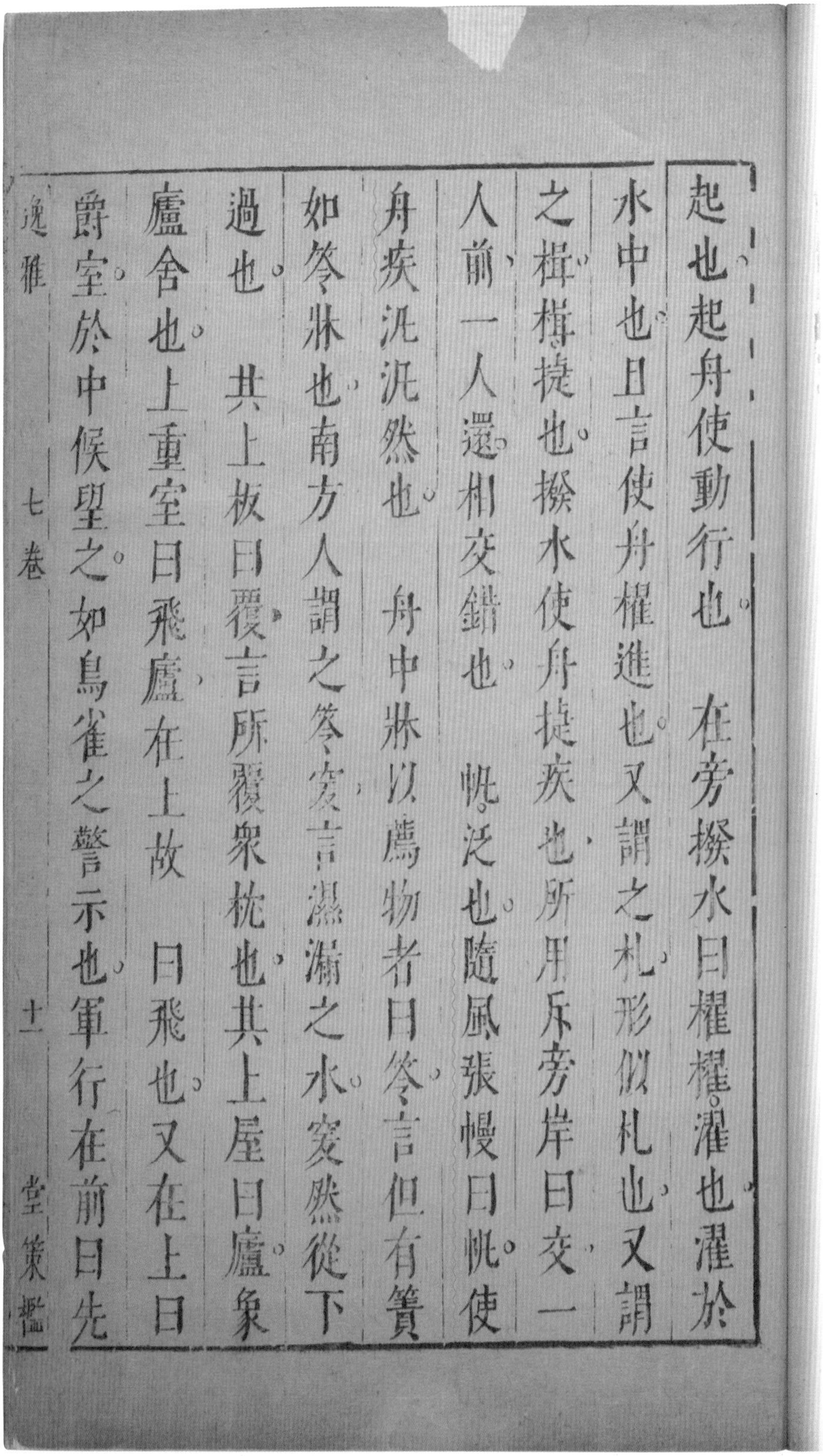

起也起舟使動行也 在旁撥水曰櫂櫂濯也濯於
水中也且言使舟櫂進也又謂之札形似札也又謂
之楫楫捷也撥水使舟捷疾也所用斥旁岸曰交一
人前一人還相交錯也 帆泛也隨風張幔曰帆使
舟疾汎汎然也 舟中牀以薦物者曰笭言但有簀
如笭牀也南方人謂之笭突言濕漏之水突然從下
過也 其上板曰覆言所覆衆枕也其上屋曰廬象
廬舍也上重室曰飛廬在上故 曰飛也又在上曰
爵室於中候望之如鳥雀之警示也軍行在前曰先

逸雅 七卷 十一 堂策檻

图 1-28 《释名》

与国外流行使用软帆不同，中国船只的帆以硬帆为主流，使用植物的叶子编制而成。中国的硬帆与桅杆之间有一定的间隙，可以绕着船桅转动，称之“活帆”，可利用各个方向的风力，产生高效率的推力。中国特色的“硬帆”和“活帆”，使得其接受和利用斜侧风更加便利，而且升降也较西方的软帆更为便利，在世界风帆发展史上占有重要地位。

图 1–29　泉州海外交通史博物馆中陈列的硬帆

图 1–30　西班牙大帆船上的软帆

在帆出现前，中国古船只限于在内河和近海中活动，抗风浪和续航的能力较差，不能够进行远洋航行。帆的使用，可以让船更好地利用自然风力，实现远洋航行，人们的地理视野由陆地扩展到海洋，从近海扩展到远洋。帆是一种利用风力的装置，人们常说“一帆风顺”，但是遇到风向与航向一致的顺风情况并不多，更多的是侧风、斜风，有时甚至是顶头的逆风，必须把这些不同风向的风力都能利用，才能保证船舶的持续和正常航行。北宋《宣和奉使高丽图经》中已有“然风有八面，唯当头风不可行”的明确记载，“一帆风顺”已是当时人们常用的祝福语。

到了明代，依靠中国成熟的帆和舵的配合技术，航船即使遇到正逆风（顶头风），仍可利用对于风力和水力的掌控来调整船只的行进方向，向前行驶，采用走“之”字形航线的方式抵消正逆风的影响。明代茅元仪撰的《武备志》就有“沙船能调戗使斗风”的记载。对于其他方向的来风，则更好对付。中国先进的造船和航海技术，完美地诠释了“见风使舵”的含义。

图 1–31　蓬莱古船博物馆中展示的硬帆

水戰非鄉兵所慣乃沙民所宜蓋沙民生長海
習知水性出入風濤如履平地在直隸太倉崇明
嘉定有之但沙船僅可於各港協守小洋出哨若
欲出赴馬蹟陳錢等山必須用福蒼及廣東烏尾
等船

沙船能調戧使鬪風然惟便於北洋而不便於南
洋北洋淺南洋深也沙船底平不能破深水之大
浪也北洋有滚塗浪福船蒼山船底尖最畏此浪
沙船却不畏此北洋可拋鐵猫南洋水深惟可下

图 1-32　明代军事百科全书《武备志》

图 1-33　“调戗”示意图

说明　从只能利用顺风到能够利用侧斜风，又进而能够八面风都可以被利用，这不但是航行技术的进步，而且是人类对力的认识的发展和巧妙运用。要利用侧斜风，就需要有分力和合力的认识。尽管中国古代对它们的认识还是经验性的，没有理论化和系统化，但是我们的祖先却成功地把这一经验性认识变为实际应用，这可以说是一项重大的科学和技术成就。这种调动船头方向的过程，在航行中称为“调戗”。也正是依据这个原理，不但可以利用侧风、斜风，也可以利用顶头逆风。在遇到顶头逆风的时候，只要用调戗来改变船头的方向，走“之”字形，就可以把顶头逆风变成侧斜风，使船前进了。

人们对风的认识也经历了一个漫长的摸索过程，对风力的大小进行了分级，对风的方向进行了东西南北四方风、八面风、十二种风等分类，对顺风行舟和逆风行舟也有充分认识，并综合各种风向和风力，来测算船只的行进方向和张帆的方向，最大限度上利用风的资源，提供远航和抗风浪的动力。至迟在北宋时，中国的海船已经能够利用七个方向的风力，八面风中只有当头不可行。到了明代，便已经能够利用当头风，在顶头逆风的情况下也能以使船走“之”字形，转逆风为斜风而利用风帆来行船了。

小贴士

在《吕氏春秋》中，有对八面风的记载，将东北风称为炎风，东风称为滔风，东南风称为熏风，南风称为巨风，西南风称为凄风，西风称为飂（liù）风，西北风称为厉风，北风称为寒风。在《周礼》中则将十二地支与月份、季节相关联，细分出十二种风，有北风、东北偏北风、东北偏东风、东风、东南偏东风、东南偏南风、南风、西南偏南风、西南偏西风、西风、西北偏西风、西北偏北风等。

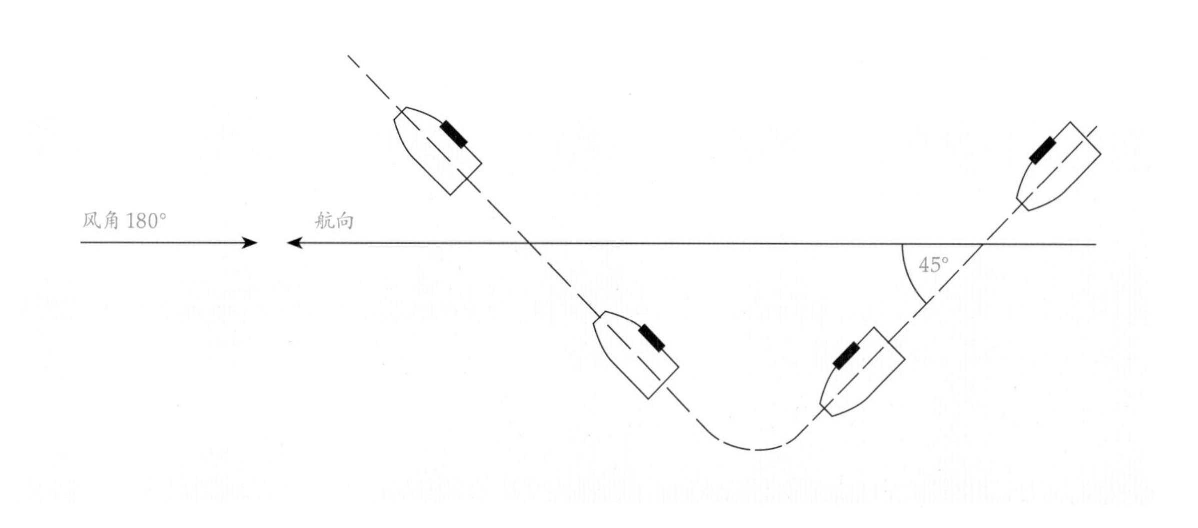

随着造船和航海技术的不断成熟，风帆逐渐由单帆发展为三帆、四帆、多帆，郑和船队甚至出现十二帆的大船。其实，在最开始使用帆的时候，因为突然来的飓风，使得船只倾覆，造成损坏的案例非常多。按照形状来分，中国帆可大致分为矩形、扇形和上部扇形下部矩形的混合形三类，以后者居多。沙船型的船帆是矩形帆，广船的帆是扇形帆，外形像张开翅膀的蝴蝶一样美，在海上航行时是一道亮丽的风景线。

最初，风帆的形状多为方形或矩形，后来人们逐渐认识到将帆做成上窄下宽的梯形斜帆可以减小风力对帆的压力，既能保证有效地利用风力，又能提高船只航行的稳定性。除了少数内河船只使用方形帆外，一般的船只都使用上窄下宽的梯形斜帆。而且，与帆的高度小于宽度的国外横帆不同，中国一般为帆的高度大于宽度的纵帆。

图 1–34　广船扇形帆

说明　广船扇形帆的外形很美，当三帆向左右同时展开，好像蝴蝶在海面飞舞，美其名为蝴蝶帆，与其他船型相比最具特点。此外，扇形帆在船只顺风航行时凭借其展开角度大，展开面积也大的特点，获得更大的加速度，船只速度越快。

图 1–35　平衡式梯形斜帆模型

说明　李约瑟认为：最具有中国特征的船帆，是平衡（用横条）加强的梯形斜帆。历史事实表明，平衡式梯形斜帆是我们祖先的一项重要发明创造，在古代世界中是一种性能优良的船帆。平衡式梯形斜帆的一个最大特征，是用竹条平衡横向安置在帆幕上，成为横向的加强材料。竹制横条的两端固定在帆幕缘索上，构成升降自如的帆架结构。帆幕织物用绳索编结在帆架的周边和每根竹条上，使帆幕极为平整，实现最佳的受风效果。

碇与锚

船在行驶过程中或者到达目的地的时候，需要停止下来，这就需要停泊工具。最开始的时候可以用纤绳把船拴在靠近岸边的树上或者别的固定物上，但是在船处于远离岸边的时候，要想停泊下来，便需要借助其他工具来完成，这就催生了碇和锚的出现。开始人们自然习惯于“系石为碇”，利用石块的重力作用使得船只停止前进，需要启动的时候则把石块和系连的绳索提起来。再发展到后来，有了木石结合的碇，利用木爪的抓力来固定船只，可以扎入泥层，其力度更大，远超过单纯的石碇的作用。与此同时，还有木碇的存在，也作为一种停泊工具发挥着作用，其爪与木石结合碇的作用一样，用于扎入底部的泥中，来固定船只的位置。在铁锚最终成为占据优势的停泊工具前，石碇、木石结合碇、木碇都在起着各自的历史作用。

◢ 图 1–36　广州出土的东汉灰陶船模上的碇

我国使用石碇由来已久，广东东汉墓出土的陶船，船头就装置有碇（图 1–36），船尾有舵，说明石碇的使用技术已经比较成熟。唐宋时我国造船和航海技术有了迅速的提高，广泛使用了木石结合碇。1982 年，中国科学院自然科学史研究所与泉州海外交通史博物馆首次在泉州宋代古船上发掘了古代船只使用的石碇，这与在日本发现的元代古船的石碇相似。在泉州石碇出土之前，由于国内从无发现实物，因此文献上的记载无法得到印证。但是，中国古船的石碇却在日本沿海发现了不少，多是元朝远征日本时的沉船所遗留，国内外的这些发现为研究碇的形制和传承发展创造了条件。中国古船的停泊工具是从石碇、木石碇演变到木碇，木碇使用历史较长，明朝海船使用木碇，至近代中国海船还在使用木碇。此外，中国古代木碇影响到海外，朝鲜、日本古船均采用中国木碇这种停泊工具（图 1–37）。

根据《元史》的记载，1281 年，元世祖忽必烈下令攻打日本。大将范文虎率军 10 万，乘战船 350 艘，从今天的宁波出发，直航日本，进行征战。但是很不巧，恰好遇上了台风大作，巨大的波浪袭来，战船被损毁沉没，将士有很多溺死，海中呼号如麻，已经登陆的少数军队也被日本歼灭。庞大的军队只有 1/5 生还，大批战船、兵器、铜钱、陶瓷器等沉入海底，直到 19 世纪才开始陆续被发掘。

图 1–37　木碇

铁锚的出现时间并不晚，在南北朝时期即有记载，但是由于石碇和木碇的取材和制造更容易，铁锚的加工工艺相对而言较为复杂，因此在相当长的时期内，还是使用石碇、木石结合碇、木碇较多。直到明朝，铁锚才逐渐占据主导地位。海船上使用的锚通常都巨大，《天工开物》中记载有重达千钧的锚，相当于现在的 1.5 万千克，与明朝以来海船船型的不断增大有着直接的联系。而且，随着人们对于船只认识程度的成熟，在一只船上配置多个碇或锚，有主次之分，相互配合，更好地满足了船只行驶中对于停泊或者遇到风浪时增强稳定性的需求。

图 1–38　铁锚

第二章

中国古船的类型

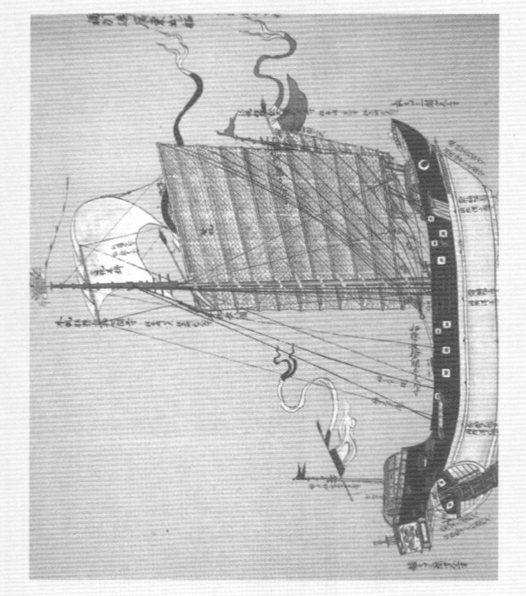

福州造广东出发船

1639年日本幕府发布锁国令后，只允许中国和荷兰商船赴长崎港进行海上贸易，于是中国大批商船前往长崎与荷兰商船角逐贸易之利，唐船是明末清初赴日的中国沿海以及南洋属中国华侨的各类商船的总称。幕府按长崎唐船的出发地远近，将其分为3类。一曰口船（距日本稍近处出航的唐船）；二曰中奥船（距日本稍远处出航的唐船）；三曰奥船（距日本辽远处出航的唐船）。其中口船主要有南京船、宁波船；中奥船主要有福州船、厦门船、台湾船、广东船；奥船主要有广南船、暹罗船。

由于全国各地的地形、海域等的区别，以及航行需求的不同，中国古船开始有了平底船和尖底船的分类。大致上是以长江口为界，南方是深水航区，北方为浅水航区。在深水航区，波浪的冲击会对平底船产生碰击，不仅其适航性特差，而且对船体结构的破坏力也很大，采用尖底船比较合适。而在浅水的北方航线，沙滩很多，平底的沙船不容易触礁，具有较强的防流沙的特性，行沙涉浅能力强。中国古船在发展的进程中，逐步成型，到明朝时最终稳定下来，可以按照形制和功能划分为三大类船型，即福船、沙船和广船。

中国古船有以下几个方面的不同：一是形制上不同，福船底尖上阔，沙船为平底船，广船下窄上阔；二是功用上不同，福船多用于战船，沙船多用于漕船，广船多用于内河航运；三是所用材料不同，广船用铁力木制造，最为坚实耐用，福船不如广船坚实，沙船材料最为一般。福船主要是在福建、浙江等地大量使用的一种船型，其结构特点与沙船最大的差异就在于船底、船首呈尖拱形，船尾稍宽。由于福船主要行驶于南洋水域，此处浪高水急，采用尖底尖首的构造可以减小船体在水中的阻力，便于破浪前进。广船是主要应用于广东地区的船型，其结构特点是：船首尖、船体长、吃水较深、梁拱小、甲板背弧不高。广船和福船都是适合于南洋航行的船型，而沙船则便于行驶于北洋的航线，这是明代三大船型之间的结构和航区的不同之处。

中国传统的三大船型——福船、沙船、广船，都是木帆船，虽然后来被西方国家的铁壳船和轮船所取代，但是它们在古代中国社会中有着重要的作用和意义。这三种船型各有自己的特点，功能上可以互补，造船技术上也在不断地进步和调整以适应社会的需要，但是受限于明清政府的海禁政策，在后来的发展中受到了限制，停滞不前。第一次工业革命之后，中西方的差距越来越大，西方社会进入了蒸汽时代，蒸汽机为船只提供新的动力，中国造船业技术被西方迅速超过。但不可否认的是，中国造船技术的发展，形成了较大的规模和较成熟的造船知识体系，为我国后来造船技术和造船业的复兴奠定了基础。

福船

福船，是我国古代的三大船型之一，也是其中影响最大和知名度最高的一种船型，最初是对产生于福建沿海一带所造尖底船（与沙船的平底相对应）的统称，后来则用来泛指活动于长江口以南的这种船型。福船的典型特征是尖底、阔面、水密舱壁，其船上部宽广平坦，下部如刀刃，底尖上阔，首尖尾宽两头翘。其中“水密舱壁”这项技术，就是在福船上最先采用和发明的，使船舶在破损时依然能够保持浮在水面上，不至沉没，这项技术现还在被广泛使用。福船的技术要素和造型结构，保证了人们能够进行远洋航行，进入深水区，而且稳定性、安全性都非常高，是我国古代造船技术的一项重大进步。

福船是中国古代最为著名的船型，早在宋朝时期就有“海舟以福建为上”的说法，其在中国历史上乃至世界海洋文明史中都占有重要的地位，留下了深远的影响，直至现在东南沿海的许多渔民仍然沿用福船。作为装载量巨大的商船，能够破浪远航，其安全性、抗沉性和远航性能的优良都毋庸置疑，从出水的泉州宋代沉船和广东“南海一号”沉船可以证明这一点。我国现在提倡海上丝绸之路，一直活跃在中国历史舞台上的福船便是海上丝绸之路中最主要的船型。而且，因为其安全性和稳定性，在官船中也有多数是将福船进行改造后使用。如北宋使团乘坐的“神舟”、郑和七下西洋船队中级别最高的“宝船”、明清册封琉球的“册封舟”等都属于福船类型。

大福船式

福船作为一种尖底海船，不仅以行驶于南洋和远海著称，同时也是我国水师战船的主要船型。到了明朝嘉靖时期，沿海的倭寇海盗猖狂，生灵涂炭，老百姓的生命和财产安全受到了重大威胁，中国急需组建强大的海军力量进行打击。福船因为其优越性能而被在海上抗倭的将军们看中，改造成保卫海疆的战船，给戚继光、俞大猷等抗倭将军们的胜利带来了莫大的帮助，给沿海老百姓带来了福音，在抗敌御侮方面起了重要作用。所以，从 16 世纪中叶开始，“福船”几乎成了战船的代名词，而对于福船的结构、形制、功能、技术特征等，也受到了越来越多的军事家的关注。

◀ 图 2–1 《筹海图编》中的福船

▶ 图 2–2 中国航海博物馆的福船俯瞰图

图 2-3　中国航海博物馆的福船船头

图 2-4　福船模型

关于福船的种类，明代茅元仪的《武备志》中将其由大到小分为六号：一二号为福船，三号为哨船，四号为冬船，五号为鸟船，六号为快船。其中，以大福船为最大，以快船为最小而灵活。沿海抗倭将军们可根据不同的用途采用不同的船型，具有相当的灵活性和机动性。

按照一些兵书中的记载，古代福船高大如楼，船底尖，船上面宽阔平坦，船头和船尾都呈现高昂的形态。全船分四层，一层装上土石压舱以保证船只的稳定性，二层是士兵们的住所，三层是操作室，四层是作战场所。由于福船往往都比较高大，因此士兵可以在最高的四层上发射各种冷热兵器，居高临下，往往能克敌制胜。而且，建造福船还有地利。我国长江以南，尤其是建造福船最多的闽浙沿海一带，松木、杉木和樟木等主要船木可以就近取材，建造和维修都很方便，福船因此得以大行其道。

图 2–5　明信片中的福船

福建省境内多山地、丘陵，地形高低起伏，陆上交通很难发展，水域面积又多于陆地面积，特殊的地理环境决定了船只是人们出行的重要交通工具。福建境内的河流非常多，而且绝大部分河流最终都通向大海，航运业非常发达，这样的现实情况和需求必然会呼唤发达的造船业与之对应。而且，福船的历史也很悠久，唐宋时期，东南沿海对外文化和商贸交流的发展促进了造船业的发展；到了宋朝，福建多个地区都建立了造船厂来满足日常用船的需求；明朝时期，福船成为官用船只和军用船只的重要对象，影响力增大。

图 2-6　福建宁德建造的仿古大福船

说明　本艘“仿古大福船”船体总长 43.8 米、宽 12 米，全木质结构，是基于传统福船形，同时参考册封舟等历史资料设计建造，超过此前世界上最大的木帆船——瑞典“哥德堡号”仿古船，是世界上可用于实际航行的长宽最大的仿古木帆船。该船由中国造船史学会名誉会长席龙飞教授担任顾问，武汉理工大学华东船舶设计院负责设计，宁德漳湾水密隔舱福船制造基地承造，于 2015 年开始设计及备料工作，2016 年 1 月 12 日正式开工，2016 年 10 月 18 日顺利下水，2017 年 7 月 8 日主桅杆完成安装，船体建造全部完成。可惜 2018 年 2 月 4 日因为施工问题失火，非常可惜，主办方宣布将适时重建。

在发展的过程中，福船的技术要素也发生了一些改变。福船尖底的特点，在最开始是V形，后来船底趋于平滑，基本上呈U形。这样有两个好处，一是保证平衡性，二是增加载货量。此外，福船的船体由宽阔向瘦窄型转变，从大体量向轻便快捷型发展，以适应海上交通的发展。直至木帆船被铁壳船所代替而退出历史舞台，福船始终以自己优良的传统特色而彰显其独树一帜的风采。明朝已经大规模地在福船上推行火器，进入热兵器时代的海战成为福船的一项重要功能。福船的吨位较高，运用在军事战争中可以发挥其出色的性能，通过庞大的载货量来对敌方产生碾压式的优势。福船在中国古代社会中产生了重要的作用，不仅满足了当时社会生产的需要，也加强了明清的海防能力，而且福船出色的航海性能和庞大的吨位在广泛的对外贸易中也占据着重要地位。

上海的中国航海博物馆藏有一艘仿造的福船，置于展区中央大厅，是一艘由杉木打造的能下水的大型福船。该船船首尖，船尾宽，两头上翘，总长30.6米，宽8.2米，型深3.5米，主桅杆高26.6米，船体总重约为280吨，设计排水量253.6吨，船形巨大。这艘中央大厅的福船以郑和下西洋宝船为原型，依据历史文献记载，严格按照明代福船的样式建造，遵循水密隔舱等传统的造船工艺技术，使得我们今天依然能够看到古代福船的面貌。

图2-7　中国航海博物馆的福船侧身图

沙船

沙船是在南北漕运中起了重要作用的一种船型，最早出现在长江下游的崇明岛地区（今上海崇明），是我国江苏、上海等江南及周边地区广泛建造和使用的船型，多活动于北洋航线，在唐宋时期成型，在宋元时期称为防沙平底船，到明朝中叶始称为沙船，具有方头、方尾、平底、吃水浅的特点。崇明岛位于长江入海口处，由长江水流中所含的泥沙沉积而成，所以崇明岛之前也称崇明沙。所谓沙船，即是“崇明沙船”的声称。沙船行驶平稳，特别适合在水浅、沙滩多的地方航行，不会轻易搁浅。沙船的运用范围很广，几乎沿江沿海的地区都有沙船的踪影。自从诞生之日起的千余年来，沙船经久不衰，直到后来轮船兴起后才渐渐退出历史舞台。

图 2-8　防沙平底船 ◀

图 2-9　沙船模型 ▶

沙船独特的造型，决定了沙船具有良好的航海性能。主要在北方浅水航线，因其运载能力强、稳定性高、不惧浅滩等优点被较多地应用在近海运输当中。其次沙船具有平头、方尾、平底、长宽比大、多桅多帆、吃水浅、载质量大等特点，不仅可以在沙滩多浅水的区域航行，还可以在风浪较多的大江大河中远航。沙船上有腰舵，增强船只在逆风行驶或在大风大浪的环境中的稳定性，防止横漂的发生。

大体上而言，以长江口为界，以北的海域称为“北洋”，以南的海域称为“南洋”。古代中国的重心在长江以北的地区，船只的海上活动主要是在北洋。随着唐朝后期开始的中国经济重心的南移，江南的大量的粮食、贡品等需要经由内河航运或近海航运运往首都，沙船成为我国历朝南粮北运的主要船型，也是南、北各口岸货物贸易的主要船型。而且，沙船载质量大的优点为沙船的普及和推广创造了条件。一般沙船的载质量为 500 ~ 800 吨，大的沙船载重量可达 1 200 吨以上。北洋航区水深较浅，航道多沙滩与礁石，尖底的福船在这种情况下航行，非常容易触礁搁浅，导致船身损坏，甚至沉没。因此，与这种现实环境相适应，发展出了以平底为特征的沙船，可以避免福船等尖底船的不足。

沙船底部较浅，在水面上航行时不易受到海水深部波浪的惊扰，行驶比较平稳。但是与此同时，由于其入水较浅，所以抗横漂能力有限，不适于深海航行。在深水海域中，一旦遇上狂风巨浪，尖底船能应付自如，而平底沙船则将面临灭顶之灾。因此，到了明朝的时候对沙船的结构有一些改进，如披水板、梗水木、升降舵的应用等。

披水板装置在沙船的两侧，遇到来风的时候，可以把下风一侧的披水板放下，产生横向阻力，以增加船体的抗漂移能力，保持船只的稳定性，减少偏航角度。此外，沙船的船底两侧还各设置一条梗水木，来增加船体的稳定性，起到了非常好的效果。在沙滩地区行驶的话，尖底的船型容易搁浅，还容易翻船。沙船的平底能坐滩，不怕搁浅，因而不怕沙滩，可以在沙质海底的海域航行，在近海航行方面具有极大的优越性。也正因如此，沙船在内河及沿海近岸的使用范围非常广泛，沿江沿海地区都有它们的踪迹。虽排水量不如尖底船，速度也较尖底船慢，但沙船的吃水浅，受到的水体的阻力也就较小，而且也可以使用多桅多帆，提高航行速度。此外，明朝时期沙船的尾部高出水面，大多都安装有升降舵，过浅滩时将舵升起，防止沙礁触碰损坏舵体，入海后将舵降至水下，起到抗横漂的作用。

早在唐朝时期，史书中便有将江南出产的稻米、布帛和各种生活用品由沙船经由北洋航线运至北方供应朝廷和军队所需的记载。在宋朝有“防沙平底船”的记载，可能主要用于军队运输。尤其是在元朝，沙船在漕运中扮演了十分重要的角色，其发展的态势可以说是突飞猛进。有的沙船还可以在深海航行，承担着从上海、江苏等南部地区到北京、山东等北部地区的航运，担当起了中国南北运输的重任。元代漕粮用海运，从上海崇明直达天津，即主要采用此种“平底海船”。沙船最早的大规模使用是在元朝漕粮海运时期，到了明朝在江苏地区已非常普遍。沙船在明朝抗倭战争中也起了很大的作用，史书中有在长江三角洲以及江苏、山东、辽东一带使用沙船作战的记载。

图 2-10　上海市徽中的沙船

图 2-11　明代沙船舵板

中国海防博物馆藏

明朝中后期，沿海走私贸易兴盛，沙船航运极为活跃，至清朝康熙年间进入了新的发展阶段；嘉庆、道光年间，沙船贸易和沙船建造达到鼎盛阶段，至鸦片战争之后，开始逐渐衰落。清代造船在技术上没有重大的变革，但清代的沙船航运事业达到了极盛时期，船只众多。据专家估计，在清中叶，沙船有万艘之多，其中一半在上海。船型又有加大趋势，多用四桅五帆或者五桅五帆。

沙船出色的综合性能为其市场普及提供了坚实的基础。沙船适用性很强，使用范围比较广泛，无论是内河还是外海都没有问题。其优良的性能也受到了政府的青睐，被广泛地应用为官船、漕船、军船等，在明朝郑和下西洋中的随行船只中也有不少的沙船。沙船在民用船只中也占了相当大的比重，占据了航远船只的龙头位置，主要应用在商业运输当中。沙船在古代社会经济中有着重大的作用，大力促进了社会的文化交流和商业贸易的发展，为海上丝绸之路的开拓做出了卓越的贡献。

图 2–12　绘画作品中的沙船

广船

广船的历史非常悠久，从春秋时期就开始有广船的使用，经过秦汉、唐宋、元明三个时期的发展，广船成为我国古代三大船型之一。广船产生于广东，是广东各地大型船只的总称。“广船”最初是广东地区的民用船的泛称。到了明代，它特指抗击倭寇时所使用的战船，后来逐渐演化为一种船型的统称。广船的船型与福船相近，上宽下窄，适合作为战船用，明代抗倭时也调用了广东东莞的“乌艚”和新会的“横江”两种广船。广船船只大小也与福船相当，远洋船长30多米，宽近10米。广船的基本特点是头尖体长，线形瘦尖底，结构坚固，在海上摇摆较快，但不易翻沉，有较好的适航性能和续航能力。广船另一显著特点为其帆面积是当时世界上最大的，比船只宽度更宽阔，表明其更适合于远航。此外，广船一般采用“多孔舵”，面积大，舵向好。

广船有两大特点：第一，“水密隔舱”，设置多个隔舱方便货物的分类，另外还可以提高安全性能；第二，“多孔舵”，舵叶上有菱形的舵孔，减小阻力，操作方便。广船船体高大，船身长30余米，阔10余米，俨然是海上的巨无霸。广船用铁力木制成，通体坚硬似铁、极耐腐蚀。形制下窄上宽，状若两翼。倭寇的船只所用材质为松杉木，顶不住广船“铁体”撞击，对战时倭寇闻风丧胆，所以广船被广泛应用在了明代水军战争。广船上也配备了较多的火器，但是由于广船在外洋中不太平稳，震动幅度较大，影响火器打击目标的精确度，所以这些火器主要是起到震慑作用。

图 2–13　广船扇形帆

图 2–14　明末清初外国人画的珠江口的广船

图 2–15　绘画作品中的“耆英号”广船

说明　“耆英号”是清朝的一艘中国帆船，原为一艘往来于广州与南洋之间贩运茶叶的商船。建成于清道光二十六年（1846 年），属于以人物命名的船舶。其名称来自驻广州钦差大臣耆英。1846—1848 年期间，“耆英号”曾经从香港出发，经好望角及美国东岸到达英国，创下中国帆船航海最远的纪录。“耆英号”以柚木制成，有三面帆，排水量达 800 吨。它引起了西方的注意，因为它向工业化刚刚起步的西方展示了中国当时的航海及造船能力。

广船舵叶上的孔为菱形，在帆船遇到急流时，通过舵孔排水，菱形的小孔可把水流通过舵叶小孔时的涡流对船舶引起的阻力减到最小，因而使船只回转性好，操纵方便、灵活，此为广船最大的特点。这种广式“多孔舵”原理，在 17 世纪引起了欧洲工程师的惊叹和模仿。此外广船为“水密隔舱”，一艘远航船只有多个“水密隔舱”，这些舱既可用来放货物，又能提高船只的安全性能，当其中一个舱进水时，由于其他舱位密封，所以船只不会下沉。而广船最大的进步则是从基本的方形帆发展成使用四角帆的纵向帆装。多桅帆加上四角帆可以令船在航行时不避强风激浪，这样就可以获得更高的航速。广船所采用的“水密隔舱”原理、斜桁四角帆等原理一直沿用至现代造船业。

132 DEEP

广船也有缺点，那就是如果坏了的话，必须用铁力木修理，这是难以保证的，广船修造费用远远高于福船。但是，广船比福船耐用。因为用来造福船的松木和杉木容易被虫蛀，时间长久后便抗拒不了风浪；而用来造广船的铁力木非常坚硬，即使被虫蛀也难损坏。至今南中国海上仍遗存着一艘广船——“金华兴”号。

图 2-16　绘画作品中的“耆英号”广船尾部

图 2-17　“金华兴”号广船

小贴士

2004 年 5 月，一个名叫“七海扬帆”的海岸行考察队在福建东山湾发现了仍在海上航行的百年古帆船“金华兴”号，同年 10 月运抵珠海香洲港，成为迄今为止发现的年代最久、造型最大、保存最完整的木制帆船和典型的广式帆船，也是国内海岸线上仅存的一艘古帆船。据船史专家考证，广船的发展起源于渔船，成型于唐代的商船，发展于明朝的战船，普及于清代的各式战船、商船和渔船。到了近现代，广式风帆海船应用于官府海防、远洋贸易以及近海捕鱼和贩运，同时兼具战船、商船和渔船的功效。“金华兴”号曾经从事外海双船拖网捕鱼，也曾在广东、福建沿海以运输蚝壳为业，后又改为掺缯式渔业生产，其建造地应为广州、澳门、香港或地处珠江口的香山。专家指出，中国帆船独有的水密隔舱、中心轴转舵、平衡硬式四角帆、多孔舵等发明，曾经影响和改变了世界船舶史、航海史的发展，这些特征在“金华兴”号上都能一一找到；而广式帆船特有的用料讲究也在“金华兴”号上得到充分体现，其船底板所用的铁力木、肋骨所用的古香樟木在今天已罕见，正是这些特殊的用材使得“金华兴”号能历经百年而保存至今。

广州是中国古代造船业重镇，这就为广船的发展奠定了良好的基础。广船的发展得益于它独到的区位优势。第一，广州有天然的港口优势，航运业发达，对外贸易频繁。广州三面临海，是中国通向南海沿岸国家的南大门，可以连通太平洋和印度洋。以广州作为起点，中国古代的远洋航线可以远征至南亚、东南亚、西亚以及欧洲和非洲地区，广州港也因此成为中国对外交通的一个标志性港口，这对于广州造船业的发展具有极大的促进作用。第二，广州及其周边地区盛产林木，能为造船业提供优质的木料。第三，广州是沿海城市，居民生活、生产也严重依赖于船只，人们的生活对于航船的需求对船舶的发展也起到了决定性的作用。广州地区自古以来就是“以舟为车，以楫（jí）为马”，船就是古代广州日常生活的一部分。明朝时期广州地区频频遭受倭寇侵扰，对于战船的需求也变得更加强烈，广船因而不断被改进，以满足抵御倭寇的需要。

明代倭寇骚扰、挑衅，明政府在广州积极筹备建造造船厂，广船自身的特点适合做成战船进攻。广州深厚的造船技术积累和外贸业的发展以及明代军事战争的需要，这些因素都为广船的发展创造了条件。作为战船的广船由东莞的“乌艚”船和新会的“横江”船演变而来，是抗倭斗争中的主力战舰。庞大的体形配合船上的战斗设施让广船成为性能良好的战船。与之前船型的发展方向不同，广船并不是一味地追求船体的巨大化，而是注重提升船身的坚固程度，并且增加了很多实用的作战功能。

图 2–18 “耆英号”广船纪念章

说明 铭文上写着：第一艘跨过好望角并出现在英国水域的中国帆船。船长 160 英尺（48 米），高 19 英尺（6 米），载重 300 吨，舵 7.5 吨，主帆 9 吨，主桅至甲板高 85 英尺（26 米）。它于 1846 年 12 月 6 日自香港出发，1848 年 3 月 27 日抵达英格兰，历时 19 个月（477 天）。

图 2–19 广船模型

第三章

具有代表性的造船技术

圖

古代造船场景图

中国古代造船历史悠久，传统造船技术在很长一段历史时期内都处于世界领先水平，水密舱、车轮舟、指南针、减摇龙骨等，都是中国传统造船技术的重大发明和应用，对世界造船技术产生了深远影响。

中国发明的水密舱壁，到唐代已经普遍使用，已为多艘被发掘的唐代古船所证实。中国发明的车轮舟最早出现在公元5世纪的晋代。车轮舟是将推进工具的桨转化为轮桨。连续转动桨轮，则桨叶不断划水，不仅可以连续推进，而且可避免手力划桨时造成的虚功。在同一根转轴上可因船的宽度安装很多踏脚板，由很多人同时踏之，可提高车轮舟的推进效能和船速。车轮舟进退自如，这就提高了船的机动性，对战船尤为重要。在12世纪之初，中国在世界上最早使用了指南针导航，《萍洲可谈》和《宣和奉使高丽图经》都对指南浮针的应用做了具体、细致的介绍。中国所发明的船尾舵、水密舱壁、车轮舟和指南针，有力地推动了中国和世界的造船与航海活动。现在，全世界绝大多数的运输船舶和战舰，几乎都无例外地使用水密舱壁和尾舵，都还使用指南针。车轮舟推动了蒸汽机船的发展，推动船舶前进的大桨轮成为机动船舶的象征，从而出现了『轮船』的名称。

水密舱壁技术

西方学者认为，中国人发明水密舱壁是借鉴了竹子的横隔膜，是顺理成章的事情。美国科技史学者写道：建造船舶舱壁的想法是很自然的，中国人是从观察竹竿的结构获得这个灵感，竹竿节的隔膜把竹子分隔成好多节空竹筒。由于欧洲没有竹子，因此欧洲人没有这方面的灵感。也有学者认为中国水密舱壁技术来源于甲骨文中的“舟”字，这个字形看上去是把船分成了好几个部分，而横线就代表舱壁。

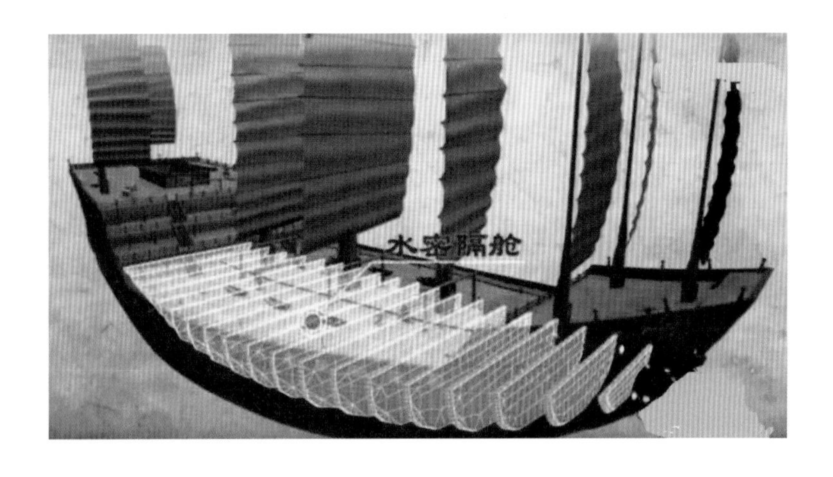

图 3–1　水密隔舱示意图

根据史料记载，水密舱壁最早出现在东晋时期的“八槽船”上，由卢循领导的农民起义军建造，船体分为八个船舱，由水密舱壁隔开。在战争中，某个船舱漏水后，海水进入不了其他船舱，因此不影响整个船只的航行，加强了其抗沉性能，这在当时是一项非常神奇的发明和创造。目前所见最早使用了水密舱壁技术的古船为 1960 年发掘的江苏扬州施桥唐船和 1973 年发掘的江苏如皋（gāo）唐船。随着人们海上活动的增多和造船技术的成熟，水密舱壁技术在摸索中得到了更充分地发展和改进，在各种船只上的普及性也不断增强。

“中国水密隔舱福船制造技艺”于 2008 年 6 月被列入第二批“国家级非物质文化遗产名录”，2010 年 11 月被联合国教科文组织列入“急需保护的非物质文化遗产名录”。“水密隔舱”福船技艺制作，即是用隔舱板把船舱分为若干舱区，当船舱意外受损漏水，可将海水限制在局部船舱中，不至于沉没。这说明中国古代确有领先的造船技艺，已被世界正式认可，急需予以保护传承。中国古代这些领先的造船技术通过对外交流和融合，对世界文明发展和人类进步的影响不可低估。

中国发明水密舱壁既有渊源，更有出土古船的实物作为凭证。迄今虽然尚未发现过晋代或晋代以前的舱壁实物，但却发现有两艘唐代古船是设置了水密舱壁的。其一是 1973 年 6 月在江苏如皋发现的唐代木船。该船船长约 18 米，分成 9 个船舱，两舱之间设有水密舱壁。船舱最长的 2.86 米，最短的为 0.96 米。其二是 1960 年 3 月在江苏扬州施桥镇发现的唐代木船。该船复原后的长度约为 24 米，共分为 5 个大舱。扬州施桥唐船的结构坚实，制作精细，水密性良好。

图 3-2　水密舱壁剖面

小贴士

如皋唐船的发现，始于一次偶然。1973年6月，一位村民在当时如皋县的蒲西公社（今如皋市白蒲镇）马港河东侧摸河蚌的时候，从淤泥里摸出了一块大木板。他本想将木板带回去做柴火，没想到再摸一会儿，却在河里发现了许多这样的木板。这名村民觉得很奇怪，就告诉了社区的干部，社区得知情况后，判断这很有可能是什么文物，层层上报，一直到省里。最终，由省博物院派出的一支考古队在村民的协助下，将这艘沉船挖掘了出来。这艘古船虽然不少木板都已经腐朽残破，但大体架构仍然完好。船长17.32米，宽2.58米，深1.6米，船内有9个完备的水密舱，这也是现在发现的沉船中，世界上最早的水密舱实例。如皋唐船一经发现，就引起了国内外考古学界的巨大反响。如皋唐船的发现，反映出早在公元7世纪，中国人就能驾着船舶乘风破浪，开展远洋贸易。

图3-3　如皋唐船发掘照片

水密舱结构的设置，虽然在今天看来较为简单，但是内部其实有很多方面的技术要素，在古代造船技术中有突破性进步，主要体现在以下几个方面：

第一，舱与舱之间用水密舱壁隔开，在航行或战争中如果有一两个船舱破损，导致水流进去，由于其水密性，水不会流进其他船舱，整个船体仍有足够多的浮力，不会沉没。而且，在此过程中，还可以把已经进水的船舱中的人员或货物转移到其他没有漏水的船舱中，在进水量还不太大的时候及时对该船舱进行修复。对于没有使用水密舱壁技术的船只来说，一旦船底撞破，海水便会涌入整个船体，人与船都会被大海所淹没，没有缓冲空间，也没有安全保障。水密舱壁技术在提升船只的抗沉性、保证人与货物的安全性方面，有了突破性的进步。

第二，水密舱中的隔舱板横向支撑了船舷，增强了船体抗御侧面来的水压和风浪的能力，使船体更加坚固。在外国的船只中，相当长一段时期，是没有这种横向支撑的，其船体的强度远远不如中国古船。而且，这种横向的隔舱板，还可以与甲板相连，使得船体的下方形成一个坚固的闭合空间。船桅的底座与横向隔舱板上下钉连，保证了桅杆的稳定性，而且多个隔舱板上面可以安装多个桅杆，这为中国古船多桅多帆的设置提供了技术支持。

第三，水密舱壁把船体分割成不同大小的密闭船舱，它的一个附带影响就是便于货物的管理和装卸，不同类型和用途的货物上面均有货主们的牌签，不同的货主可以同时装货或取货，也可以按实际需求分别放在不同的船舱里，相比没有设置分舱装卸的效率大幅度提升，使得货物更便于管理。

第四，在水密舱壁与船体相交的地方，除了有榫卯、铁钉钉合外，在缝隙中还填充麻丝、石灰、桐油等物料，使得有缝隙的地方严丝合缝，具备很强的水密性，不透水。这样精细的工艺和技术，保障了水密舱壁的水密效果，使得这一技术在船体破损时真正起到作用。

水密舱技术的问世，在宋代得到大力推广和进一步的完善，宋元时期较大的内河船与海船都采用了水密舱技术。由于水密舱结构具有这些优越性，不但在中国历代相传，而且在近代还被各国所沿用，至今仍是船舶中重要的结构形式。设置了水密舱的中国船只，成为政治、外交、军事、贸易等各个方面使用船只的首选，不仅被国人所青睐，而且被来往于中国的外国人所青睐，在远航中既安全又有保障。

意大利旅行家马可·波罗早在1295年就在其名著《马可波罗行记》中对于水密舱壁技术有如下记载：有的最大船舶有大舱13个，用厚板隔开，可以用于防海险，如船身触礁或触饿鲸而海水透入，这种事情很常见。水从破损处浸入，流入船舶。水手发现船身破换处，马上把浸水舱中的货物转移到邻舱，每个舱的壁非常坚固，水不能透。然后修理破损处，再将转移出的货物运回舱中。

直到18世纪末，欧洲才开始采用水密舱壁技术。1795年，受英国皇家海军的委托，英国的本瑟姆爵士在对中国水密舱壁技术进行考察和研究后，设计并且制造了六艘新型的船只，有增加强度的隔板，用来保护船只，避免进水而沉没。从此，中国先进的水密舱壁技术逐渐被欧洲乃至世界各地的造船工艺所吸取，至今仍是船舶设计中重要的结构形式。

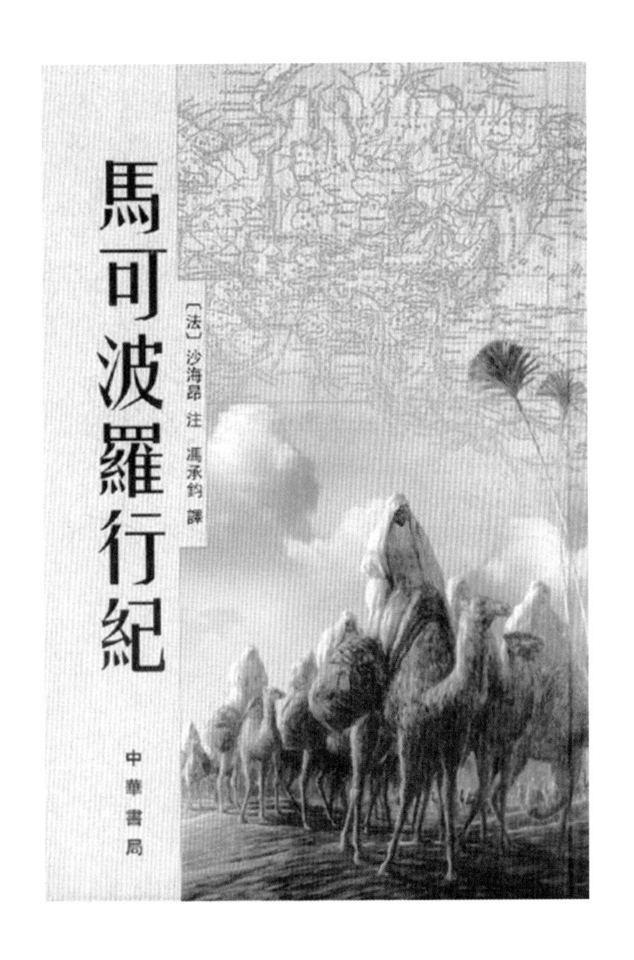

图3-4　《马可波罗行纪》书影

车轮舟技术

车轮舟的出现是我国造船史上具有标志性的一项重大发明，对以后轮船的出现有直接影响。最早出现关于车轮舟的记载是在《南史》中，东晋大将王镇恶率领水军，顺着渭水而上，进攻后秦的战争。建都长安的后秦，位于北方，其士兵来源也大多为北方地域，当他们看到从南方来的晋朝水军所驾战船没有风帆和桨，船外不见有人摇橹或划桨，船却能够向前行进，都以为是有神相助，从而在士气上就输了一截。这是对于车轮舟的第一次详细记载，车轮舟外表看没有人操作，但是实际上船的内部有多根横轴，贯穿船的左右两侧，每根横轴上有多个可供脚踏的轮子，横轴连接到船的外侧则为一边一个桨轮，操作战船的军士在内部脚踏横轴上的轮子，由此发力，带动横轴转动，进而带动船体外侧的桨轮转动，产生动力，驱动船只前进。南北朝时期科学家祖冲之（429—500 年）为了提高航行速度造的千里船，日行百余里，也是一种车轮舟。车轮舟出现后，较多地应用在战争中。《古今图书集成》中有车轮舸（gě）图，即我们所说的车轮舟。

图 3-5　《古今图书集成》中的车舸图 ▶

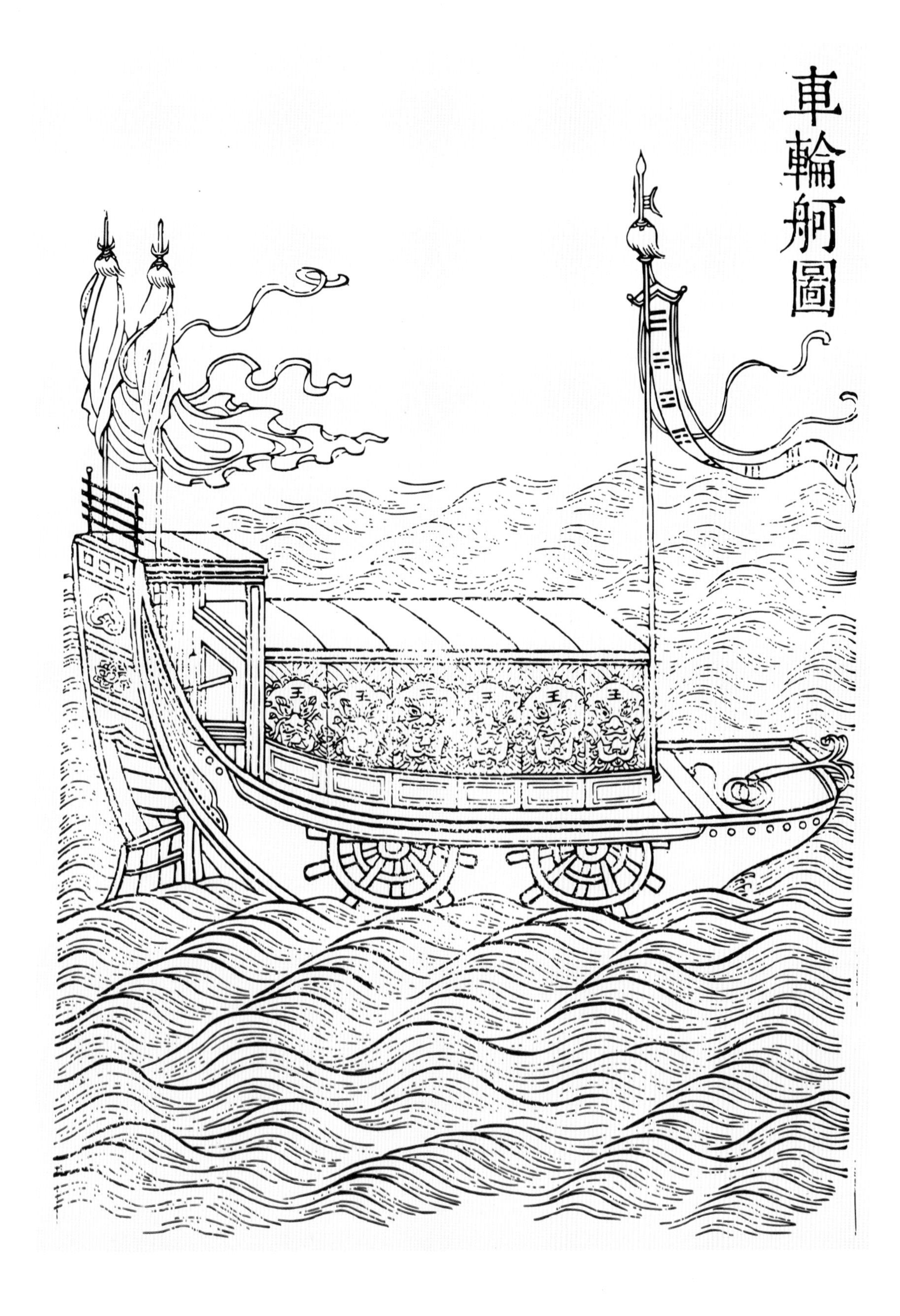
車輪舸圖

图 3–6　《千里江山图》中的双体脚踏船

说明　画中行驶着一种奇特的双体脚踏船，它运用了滚动传送动力的物理学原理，像踩水车一样，不停地刨水前行。这类车轮舟最早出现在东晋，至唐代曹王李皋时就已建立起一支车船队，可见其技术已日臻成熟。在王希孟《千里江山图》卷绘成之后的 20 年，即南宋绍兴元年（1131 年），洞庭湖的农民军钟相、杨幺利用俘获的宋军都料匠高宣发明了用踏轮提高船速的方法以对付官府水军的追剿，其雏形极可能就是画中的这种脚踏式的双体船，正如《宋中兴纪事本末》所描绘的那样："车船者，置人于前后踏车，进退皆可。"唐宋时期这类快速船只的产地和使用地主要集中在长江中游湖区一带。

车轮舟不使用帆、桨之类的动力构件，而是安置轮子，边附短桨，由人踏动，激水行驶。由之前的长桨发展成改进后的轮桨，使得船只的推进技术产生飞跃。车轮舟推进技术的先进性在于木桨操作时只能做前后直线、间歇运动，对船所发出的推进力也是间歇性的。船史专家周世德曾提出：桨的进一步发展就是轮桨的出现，即“车船”的出现。从桨转化为轮桨，在船舶推进发展史上是件足以使史家和工程界人士为之兴奋的大事。轮桨在我国创用之早以及后来宋朝车船种类之多、规模之大均足以震惊世界。它使船舶的人力推进工具产生了一个飞跃，达到了半机械化程度，成为古代船舶人力推进技术的最高水平。

图 3-7　车轮舟模型

图 3-8　上海世博会展出的车船模型

车轮舟最重要的技术要素是其显现在船体之外的轮桨，一个轮子上装上好几片桨叶，将桨的直线、间歇、往复运动，变为圆周、连续、旋转运动。在船内的军士脚踏横轴上的轮子，带动船体外侧的轮桨在水中连续旋转，不仅可以使船只产生持续推进的力量，避免了划桨时桨必须出水而作虚功，而且可借助桨手自身的体重用脚踏转轴，较为省力。在同一根横轴上可以安装好几个脚踏轮，由很多人同时踏，可以发挥多人的作用，提高车轮舟的推进效能和船速。只要车轮向前转船就向前进，车轮向后转则船可后退。如此的机动灵活，进退自如，极大地提高了船的机动性，这对战船尤为重要，当为首选。

在唐朝，对车轮舟技术发展推动最大的是唐宗室李皋（gāo），他从农民脚踏龙骨水车得到启发，制造了一种桨轮船作为战舰。在船舷左右各装一个桨轮，每个轮有 8 个叶桨片，轮与轴相连，轴上装踏脚板。航行时，水手像踏水车一样，用力踩踏脚板。轴转轮动，以轮拨水，好像无数支桨在持续不断地划动。随着车轮的旋转，船便如离弦的箭，破浪而去。桨轮船以轮代桨，成为一种半机械化的先进船种，这是古船推进装置的一大创新，虽然仍然使用人力，但可以大大提高推进效率。它相比以风力为动力的篷帆有着许多优越之处，篷帆要受风力和风向的影响，在不是顺风的情况下，船只会陷于进退两难的境地。桨轮船在行进速度方面，也比以风帆为动力的船要快得多。

车轮舟得到实际应用，并得到较大改进是在南宋时期。宋朝的车轮舟船体越来越大，类型越来越多，有 4 车（一轮叫作一车）、6 车、8 车、20 车、23 车等多种，均被列入水军编制。1130 年，杨幺、钟相等农民起义军将领在一次战斗中，俘虏了宋朝军中的造船高手高宣，杨幺把高宣当作贵宾看待，并请高宣帮起义军改进了车轮舟。高宣设计的这种车轮舟不用风帆和桨橹，只在船舷两旁安装对称的车轮，让水手用脚踩踏，用车轮来替代桨橹。船上不仅有进攻性武器“拍竿”等，还有防御性的护板以保护轮子。大的战船装有 24 个车轮，船长二三十丈（1 丈约 3.33 米），甲板上建有三层楼，底层是水手们踩踏车轮的工作间；中间一层是箭楼，为射手们的射击场所；最上一层则是战士们投掷战斗武器的岗位。有了这种先进的战船，杨么队伍的军事实力更强了，给宋朝政府造成了不小的麻烦。后来，起义军内部出现叛徒，向官军“献策”，说“车船”要靠轮桨激水，用泄水及以草木堵塞办法可破“车船”，起义军果然中计失败。起义军虽然失败了，但经过他们改进和大力推广的“车船”却又为官军所仿效，对南宋后来反抗金兵起了作用。

在抗击金军的长江水战——采石之战中，车轮舟起了非常重要和关键的作用，促成了宋朝军队的胜利。宋绍兴三十一年（1161 年），40 万金兵驻军江北，准备渡江南下作战。驻守对岸采石（今安徽马鞍山市之南）的宋军仅有 1.8 万人，而且主帅弃军而去，新任主帅还没有到任，军心涣散，毫无斗志。到采石犒师的虞允文挺身而出，主动暂代主帅组织宋军抗金。采石之战中，宋军的车船发挥了空前强大的威力。金军强渡长江，为首的 70 艘战船被虞允文指挥的车船冲撞，犁沉过半。金兵江面留尸四千余，舟船被焚烧 300 多艘，败退扬州。虞允文判断金兵下一步会进攻京口（今江苏镇江），于是又率领 1.6 万人去救援。《宋史》中记载：虞允文率领的士兵们脚踏车轮舟在江流中行进自如，回转的速度也非常快，敌人追不上，完全处于被动之中，无可奈何，感觉惊叹不已。不久，金兵内乱，主帅被部下所杀。《宋史》记载长江“采石之战”创下了以 1.8 万人胜 40 万人的辉煌战绩，车轮舟这一撒手锏可谓功不可没。

图 3–9　车船作战图

桨轮船从出现后一直都发挥着巨大作用，直到 20 世纪初，我国南方地区还有少量的桨轮船。车轮舟是人们公认的现代轮船的始祖，在造船发展史上具有重要意义。按照《宋会要》的记载，大型车轮舟通长三十丈或二十余丈，可容七八百人。著名科技史家李约瑟曾写道：这种船在中国肯定流传下来了，因为在鸦片战争期间有大量的踏车操作的明轮作战帆船被派去同英国船作战，而且颇为有效，虽然并没有带来胜利的曙光。由于西方人向来自鸣得意，竟曾认为中国的这些船是模仿他们的明轮汽船而制造的。但对中国当时的文献进行的研究表明，根本就不是那么回事。在 4 世纪的拜占庭，曾经提出了一项用牛转动绞盘驱动明轮船的建议，但没有证据说明曾经建造过这种船。由于手稿仅仅在文艺复兴时期（14—16 世纪）才被发现，因而不可能对中国造船匠产生什么影响。

车轮舟技术的发展是近代明轮船的先导，在世界造船发展史上具有重要的意义。美国人富尔顿于 1807 年在纽约制造了用机器做动力的明轮船，开始了用货船进行定期运输的历史，开创了近代轮船发展的新纪元。这种明轮船与中国古代的车轮舟有许多相似之处，只不过是动力由人力改进为机器动力而已。

图 3–10　嘉兴船文化博物馆的车轮舟模型

说明　嘉兴船文化博物馆藏有船史学者根据文献记载和造船技术知识仿制的 23 车宋代车轮舟复原模型，外有护板，类似于南宋官军使用的战船，让人们能够直观地领略到古人这一先进的造船技术。

指南针

指南针是中国古代四大发明之一。中国是世界上最早发现和利用磁石的磁性的国家之一，早在战国时期，便出现了把磁石加工后用来指南的“司南”，虽然在现代科学看来其精确度不高，但却是有历史性意义的。人们在摸索磁石的指南特性的过程中，进行了一系列的技术演进：从战国的“司南”、北宋的指南鱼到后来的指南针、罗盘，获得的精确度也越来越高。指南针在北宋发明后很快便用于航海，最开始是近海航行中地文导航的一种补充、辅助，到郑和下西洋的远洋航行时，指南针在导航中逐渐居于主导地位。中国是最早将指南针用于航海的国家，指南针的发明并向西方传播，对世界航海和地理大发现起了极大的作用，是中国对世界做出的巨大贡献。

图 3-11　司南模型

北宋时期，沈括在《梦溪笔谈》中对指南针的几种类型进行了详细描述：水浮法、缕悬法、指甲法和碗唇法。水浮法是将指南针放在有水的碗里，使其浮在水面上指示南北；缕悬法是将指南针的中间用细线挂在空中指示南北；指甲法和碗唇法是将指南针放在指甲上或光滑的碗沿上，旋转着指示南北。这四种指南法都优于之前的司南和指南鱼，其中的水浮法发展为水罗盘，在航海中广泛使用。而且，沈括还对地磁偏角现象进行了记载，这是世界上对这一科学现象的最早记载，指出指南针并不是指向正南和正北，而是有偏角存在（常微偏东）。

图 3–12　指南鱼模型

说明　指南鱼用一块薄薄的钢片做成，形状很像一条鱼。它有两寸长、五分宽（约 6.67 厘米长，1.67 厘米宽），鱼的肚皮部分凹下去一些，它像小船一样，可以浮在水面上。钢片做成的鱼没有磁性，所以没有指南的作用。如果要它指南，还必须再用人工传磁的办法，使它变成磁铁，具有磁性。将磁鱼平放在水面上，静止时，鱼的首尾分别指示南北。指南鱼比司南要方便，它不需要再做一个光滑的铜盘，只要有一碗水就可以了。盛水的碗即使放得不平，也不会影响指南的作用，因为碗里的水面是平的。而且，由于液体的摩擦力比固体小，转动起来比较灵活，所以它比司南更灵敏，更准确。

北宋的《萍洲可谈》中记载，舟船在海上航行时，确定航向有三点：晚上看星星，白天看太阳，阴晦天气则靠指南针。这是关于航海使用指南针的最早记载。

萍洲可談卷二　二

發漏既不可入治令鬼奴持刀絮自外補之鬼奴善游入水
不瞑舟師識地理夜則觀星晝則觀日陰晦觀指南針或以
十丈繩鈎取海底泥嗅之便知所至海中無雨凡有雨則近
山矣商人言舶船遇無風時海水如鑑舟人捕魚用大鈎如
臂縛一雞鶩爲餌使大魚吞之隨其行半日方困稍近之又
半日方可取忽遇風則棄或取得大魚不可食剖腹求所吞
小魚可食一腹不下數十枚枚數十斤海大魚每隨舶上下
凡投物無不噉舟人病者忌死於舟中往往氣未絶便卷以
重席投水中欲其遽沈用數瓦罐貯水縛席間繞投入羣魚
幷席吞去竟不少沈有鋸鯊長百十丈鼻骨如鋸遇舶船橫
截斷之如拉朽爾舶行海中忽遠視枯木山積舟師疑此處

图 3-13　《萍洲可谈》书影

12世纪初，北宋政府曾派出庞大船队出使朝鲜，记载这次出使经过的《宣和奉使高丽图经》也有类似记载，指出阴晦天气靠指南针辨南北。在远洋航行中，依靠观察太阳和星星的位置变化等情况来判断航向是非常有局限性的，指南针的运用，弥补了仅仅靠观察天象导航的不足，开创了全天候导航的新时代。因北宋、南宋、元时中国人的航海主要是近海航行，故指南针只需要是近海航行地文导航的一种补充、辅助。但到郑和下西洋进行大规模远洋航行时，指南针在导航中已居于主导地位了。

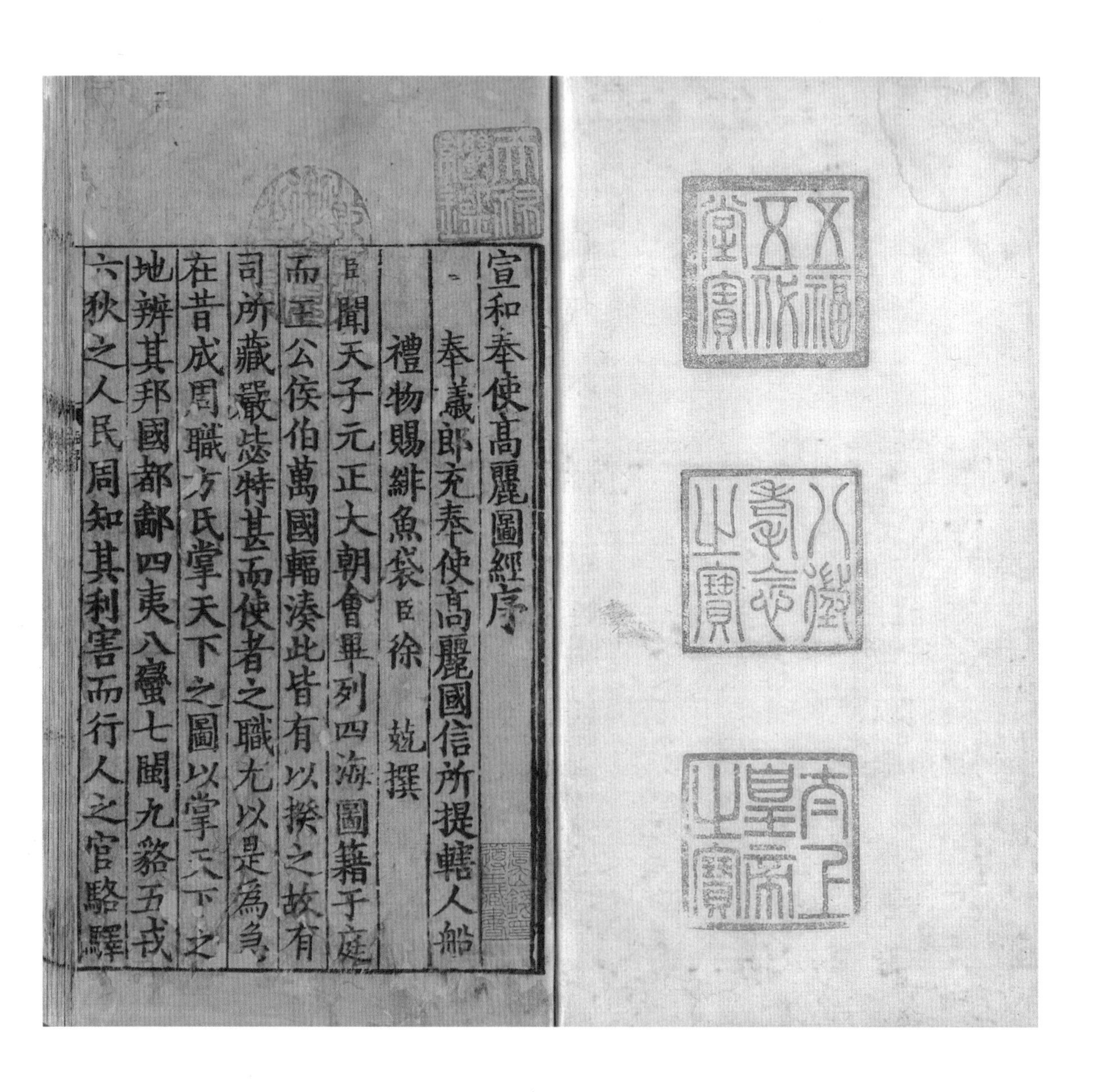
宣和奉使高麗圖經序
奉議郎充奉使高麗國信所提轄人船
禮物賜緋魚袋臣徐兢撰
臣聞天子元正大朝會畢列四海圖籍于庭
而王公侯伯萬國輻湊此皆有以揆之故有
司所藏叢歲特甚而使者之職尤以是為急
在昔成周職方氏掌天下之圖以掌天下之
地辨其邦國都鄙四夷八蠻七閩九貉五戎
六狄之人民周知其利害而行人之官驂驛

图3-14 《宣和奉使高丽图经》书影

最初的指南针导航采用的是水浮法，将指南针穿过灯芯草，浮在水中，用以指南。船只在航行中，无论如何摇晃，浮有指南针的水位总是有维持水平的自然倾向，因此可保持水平面的平整。指南针通过丝绸之路传到了阿拉伯，后来又传入欧洲。恩格斯在《自然辩证法》中指出：在 1180 年左右，磁针从阿拉伯人传至欧洲人手中。后来指南针与方位盘结合起来，陆续有了水罗盘和旱罗盘，古船出海的远航能力得到大力提升。著名科技史家李约瑟指出：指南针的应用是原始航海时代的结束，预计着计量航海时代的来临。

到了元朝时期的大航海中，装置有指南针的水罗盘用于导航已经非常普遍，而且还用它来定航线。罗盘由指南针和圆形方位盘组成，最初有东西南北四个方向，随着导航技术的精确化，形成了由八天干（甲乙丙丁庚辛壬癸）、十二地支（子丑寅卯辰巳午未申酉戌亥）、四卦（乾坤巽艮）搭配组成的 24 个方向，我们现在圆周 360 度的概念分割，每两个方位之间的夹角是 15 度。对于罗盘的最早记载出现在《诸蕃志》《梦粱录》等著作中，书中指出船上有专门的放置罗盘的操作室，由专人值守，以及时辨明方向，指挥船只的行进。水罗盘容易晃动，水的表面张力会使磁针歪斜，因此航海领域后来逐渐改用旱罗盘。

▲ 图 3–15　水罗盘模型

◥ 图 3–16　清代航海旱罗盘

进而，人们根据航海中指南针在罗盘上的变化，积累了从一个地方到另一个地方的针位变化趋势，制成针位图，也就是我们常说的针路，由此来掌握航海的路线图，使得在茫茫大海上的航行变得有规律可循。到郑和下西洋时，指南针不仅早已发展成水罗盘，而且与能确定航线、量算距离的海图，能观测日月星辰、量算纬度、确定船位的星盘、量具、测量术配合；不仅阴晦、雨雾雪雹天用，晴天和昼夜24小时都在不停地用；不仅远洋航行时用，近海航行时也用。西方使用指南针装置来确定航向的记载最早出现在12世纪，晚于中国，应是中国指南针通过阿拉伯人的中介传播到西方的结果。

中国指南针传入阿拉伯，再传入欧洲各国。在指南针传入之前，欧洲航海只能使用观星的方法推算大概方位。指南针出现后，海员们不仅可以确定方位，有时甚至能推算出两地间的里程。指南针在航海上的应用，使得哥伦布发现美洲新大陆的航行和麦哲伦的环球航行成为可能。

图3–17 《中国历代海路针经》书影

说明 书中对航海指南针经之出现、运用、记录，搜罗既详尤细，包括两宋载籍记指南针制造及罗盘始用于导航，掌控罗盘的“火长”“番火长”之出现，首载通南海的针经记录《真腊风土记》，最早刻印的首部针经《渡海方程》，明清保存完好的两种海道针经《顺风相送》《指南正法》，以及流传至今的闽南、粤海大量针路簿、水路簿、更路簿，其中不少是首次披露或公布的，其史料价值弥足珍贵。

减摇龙骨与披水板

古代船只的稳定性和舒适性是远远比不上今天的，人们乘坐的时候，不得不忍受摇晃之苦。而且，在遇到风浪或碰撞时还会翻船，造成生命和财产的损失。因此，船只的稳定性、耐波性是其非常重要的应备性能。中国古船在这方面也获得了可喜的成就，采用了减摇龙骨和披水板技术，使得船只尽量保持平稳，尽量提高船只的耐波性，给人们提供一种较为稳定和舒适的乘船条件，提高船只航行的安全性。

据北宋时期的《宣和奉使高丽图经》记载，当时中国的海船，甲板平整，船舷下削如刃。不同于以前的平底船，此时船的横断面为“V”形。尖船底下设贯通首尾的龙骨，具有较强的抗风浪能力，但不适合在浅水地区航行。从考古资料来看，1979 年，在浙江省宁波市东门口施工中发现一艘宋朝古船，在该船左右舷第七板和第八板的结合处，各有一根断面为半圆的长木，纵向安装在舷外，用铁钉固定。半圆木残长 7.1 米，最大宽度 90 毫米，用两排间隔 400 ~ 500 毫米的参钉固定。它位于船体水线以下，即便是空载也不露出水面。其作用是减轻船体摇摆以加强航行稳定，因而被称为减摇龙骨。

减摇龙骨的存在，经过了一番辨别和论证，现在船史专家确认其存在既有考古发掘的佐证又有文献记载的印证。成书于清代的《江苏海运全案》中，有对减摇龙骨的记载，称为“梗水木”，设在左右船体侧面与底部相接的地方，用来阻挡风浪的冲击，减小船体的摇晃幅度。书中还有对梗水木的形状、位置的刻画。1979 年，宁波出土了一艘北宋时期的古船，上面便配有减摇龙骨，这是改善船只耐波性、增强船只平稳性的重要手段和保护措施。这说明，我国最晚在北宋时期就已经实际应用了减摇龙骨，比国外使用这项技术要早 700 年。

减摇龙骨即古代所称的舭（bǐ）龙骨、梗水木，位于船的底部和侧面相接的地方，为一半圆形长木，用来减轻船体的摇摆，增加船只航行的稳定性。与护舷木不同，舭龙骨即使是在空船的时候也不会露出水面。在海面上遇到风浪的时候，沉重的舭龙骨将起到抵挡和削弱风浪冲击力的作用，减小横摇力度。这是一项非常简单的技术，但是却在保障中国古船航行的平稳性和安全性方面起了长久的、关键的、重要的作用，并为后来其他国家的造船和航海事业做出了贡献。

另外一项重要的技术是披水板，又称腰舵，设置于船舷两侧，其位置要高于舭龙骨或梗水木。在遇到风浪的时候，可以把背风一侧的披水板放下，增加抗衡风浪的阻力，使船不发生偏航。《天工开物》记载：船身太长而且风力横劲的时候，仅靠舵力的转向不足以得心应手，需放下披水板，来抵挡风力的冲击。披水板与帆、舵的配合使用，使得中国古船具有了全风向航行的能力，是一项非常重要的技术发明。与具有减摇作用的舭龙骨相比，披水板的作用更侧重于抗飘移，最初在入水浅的平底沙船上运用较多。

披水板的装置，增加了船舶遇风浪时候航行的稳定性，可以防止船受横向推力而发生倾覆的危险。同时，由于横向推力减弱，也更便于调戗（qiāng）变换船身的方向，正如《天工开物》中所说：“船身太长而风力横劲，舵力不甚应手，则急下一偏披水板，以抵其势。”披水板起源于唐朝，可能是受水鸟在浮动的时候利用两翼起平衡作用的启示而发明的，当时的海鹘船两舷就装置了浮板。宋朝的海鹘船每侧的浮板有四到六具，到明代，简化成一具。

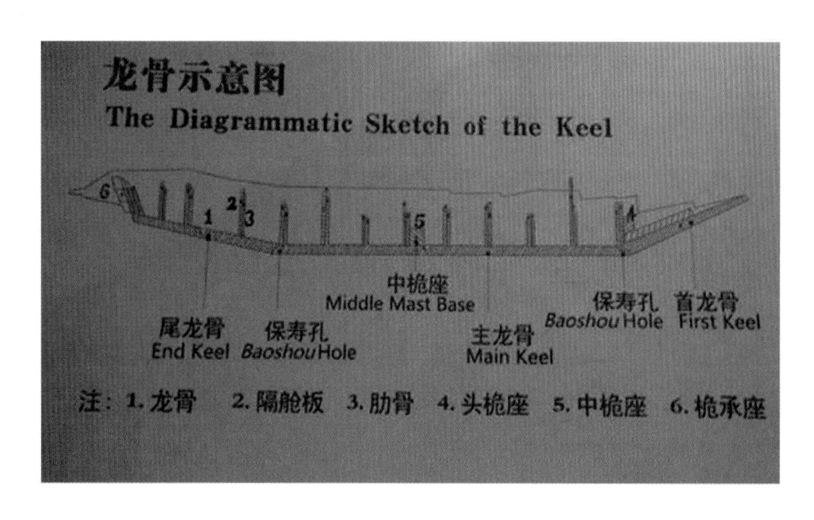

图 3–18　龙骨示意图

在古代文献中记载的具有减摇效果的船是海鹘（hú）船，最早出现于唐代兵书《太白阴经》中，对其记载为：头低尾高，前大后小，像海鹘（一种水鸟）的样子。舷下左右设置有浮板，就像鹘的翅膀，其船遇到风浪涨天都不会倾侧。其后，北宋的《武经总要》、明朝的《武备志》对海鹘船均有记载，说明这种船型在中国古代战船中具有重要地位。

海鹘船是唐代新出现的一种战船，因为其良好的耐波性和稳定性，行船平稳且不怕风浪，因此被人们认为是全天候战船。结构坚固、可载兵员数量多、战斗力强，极大地增强了唐朝水军的实力。海鹘船至今未有出土实物，船史专家对其浮板的形制和作用进行了研究，认为其浮板与舭龙骨或披水板的作用相近。

图 3–19　古籍中的海鹘船

中国古代的名船

第四章

赤壁之战剧照

赤壁之战，是中国历史上以少胜多、以弱胜强的著名战役之一，是中国历史上第一次在长江流域进行的大规模江河作战，标志着中国军事政治中心不再限于黄河流域。孙刘联军最后以火攻大破曹军，曹操北回，孙、刘各自夺去荆州的一部分，奠定了三国鼎立的基础。在其中，造船技术的成熟起到了非常重要的作用，各种类型的战船在水战中成为制敌利器，涌现出了很多流传后世的船种，如斗舰、艨艟等，以及演进到后来的五牙舰。随着战争对造船技术的刺激，更是出现了技术极为高超的各种舰船，谱写了我国造船技术发展的辉煌篇章。

中国古船按照用途可以分为多种，如官船、民船、战船、漕船等。但是，代表中国古船最高技术水平的无疑是战船，其技术和造型改进得最为频繁，演进也最为快速。从最初的兼具皇帝外出巡游和行军打仗以壮军威的楼船到战斗力强劲的斗舰、使用水密舱壁技术的八槽舰，到统一天下的五牙舰，都在中国古代造船史上留下了浓重的一笔。

楼船

楼船历史悠久，早在春秋时期便成为一些国家战争中的利器，也可以说是那个时期最重要的、技术含量最高的战舰。最开始的楼船分为上下两层，下层用来安顿划桨的军士，上层为作战和指挥的场所。楼船在水战中除了作为战船使用以外，还承担着运输兵员和战略物资的作用。春秋战国时期，楼船军曾是一些诸侯国的重要运输部队；秦汉时，楼船的运输能力进一步提高，可乘坐 3000 人。据《淮南子》记载，秦始皇攻打百越的时候动用楼船运送 50 万军队，虽然这个数字有夸张的成分，但是也反映出了楼船在运送兵力方面的强大能力。

图 4-1　嘉兴船文化博物馆中的楼船模型

说明　西汉时期以楼船为主力的水师，在当时的世界上是非常先进和强大的舰队。汉代兴起的楼船，最主要的特征是具有多层上层建筑，非常有气势，往往用作指挥舰。汉武帝对楼船情有独钟，曾在巡视山西时，乘楼船，行汾水，并作《秋风辞》："泛楼船兮济汾河，横中流兮扬素波"。这种气势，我们至今都能通过文字感受到。

当时挨着大海和长江的诸侯国都是水军力量比较强盛的国家，如齐国、楚国、吴国、越国等。吴国在太湖训练水师时，战舰中便有楼船。而且，吴国还派水师从海上袭击齐国，楼船远征山东半岛。在秦始皇合并六国之后，这些国家的楼船力量都收归一家，并在最后统一全国的过程中起到了重要作用。公元前 221 年，秦始皇大规模向岭南（今广东、广西等地）进军，受到激烈反抗，停滞不前。后来派大批楼船参加作战，才平定了岭南，设置南海、桂林、象郡三郡。

发展到汉朝时，楼船的性能突飞猛进。善于征战的汉武帝在战争中更多地动用了楼船，凡是水军将领皆称楼将军。《史记》和《汉书》中均有记载，说这些船高十余丈（约 33 米），每一层外面都建有高约三尺（约 1 米）的女墙作为防御掩体，墙上开有箭孔，可向敌方射击，要害部分还蒙上皮革来保护船只。船上插满旗帜，威武雄壮，壮大了军威，提振了士气。

樓船者船上建樓三重列女墻戰格樹幡幟開弩窻矛穴外施氈革禦火置砲車檑石鐵汁狀如小壘其長者步可以奔車馳馬若遇暴風則人力不能制不甚便於用然施之水軍不可以不設足張形勢也

图 4-2　古籍中的汉代楼船

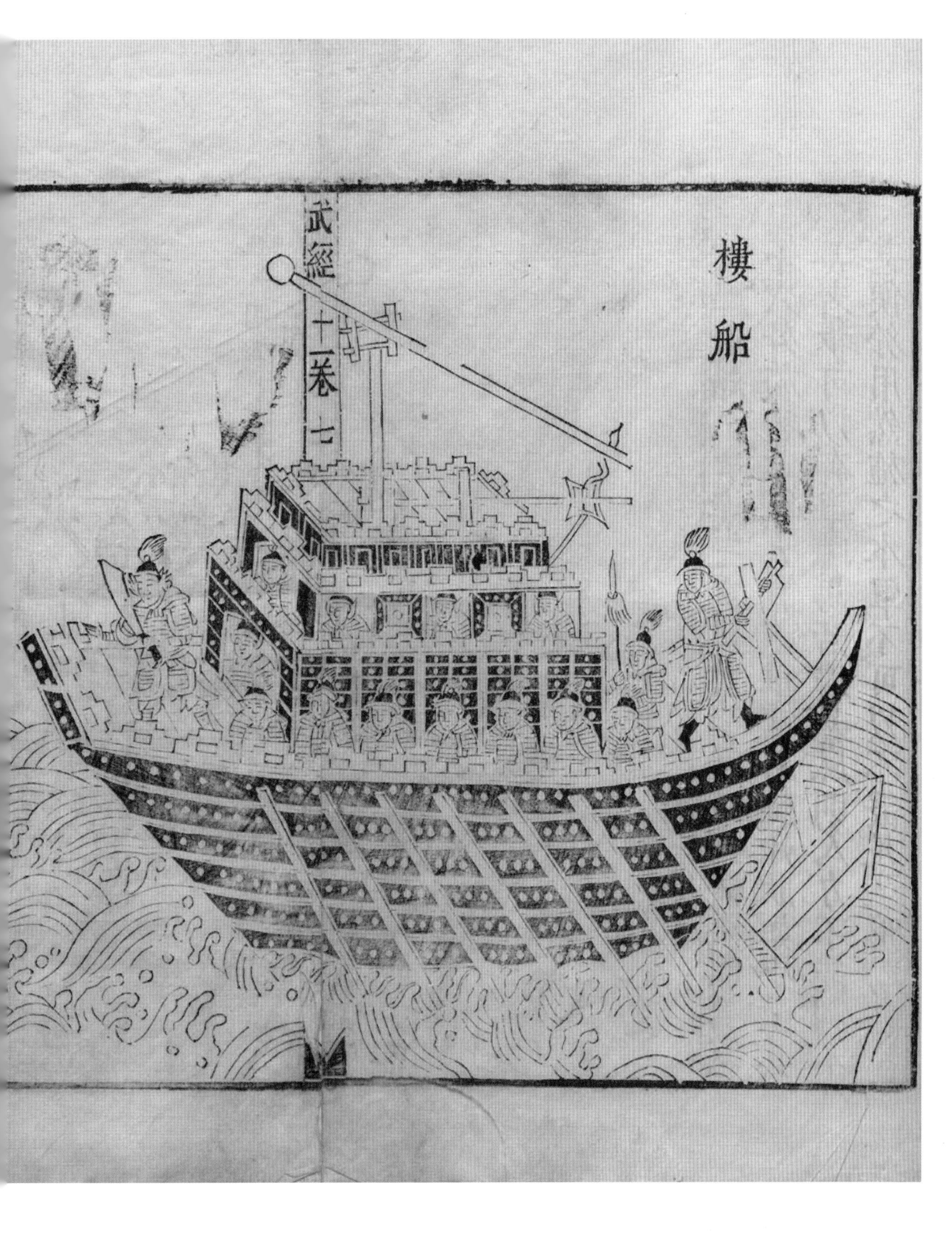
樓船
武經十一卷七

楼船甲板下面的舱，有士兵在里面划桨，保证船只的行进，而且可以免受敌人的矢石攻击。甲板上面的士兵则手持兵器，随时准备在短兵相接时近距离作战。舷边设有女墙，即为防护墙，以防止敌方的攻击；在甲板上女墙内设置第二层建筑即为庐，庐边再设有女墙，庐上的战卒手持长矛，居高临下，有利于作战。再上边是第三层建筑称之为飞庐，弓箭手于此处藏身，有利于远距离作战进攻。最高的一层是爵室，爵室也就指挥室。由此可见，楼船的构造是十分合理先进的。到了汉朝，以楼船为主力的水师已经十分强大。有史料记载，打一次战役，汉朝中央政府就能出动楼船 2 000 多艘，水军 20 万人。舰队中配备有各种作战舰只，有在舰队最前列的冲锋船，有用来冲击敌船的狭长战船，有快如奔马的快船，还有上下都用双层板的重武装船。当然，楼船是最重要的船舰，是水师的主力。

图 4–3　楼船模型

西汉的楼船通常已经有三层，不但装备有强弩，还有发射重型石弹的投石车。东汉末年的巨型楼船，更能够搭载士兵两三千人，在当时的水战战场上，这就是无敌的巨无霸战舰。也正是凭借这样强大的战舰，两汉时代的中国，除了我们熟悉的反击匈奴并拓展丝绸之路等大事业外，其实也开始了海洋上的拓荒。从西汉武帝年间起，中国海军就曾发动多次跨海远征，平定了中国南部的反叛力量。

到三国末期，楼船越造越大，成了一种“庞然大物”，王濬（jùn）楼船就是典型代表。据《晋书》记载：王濬奉命伐吴，造大船，长一百二十步（约合一百七十多米），可载两千余人。甚至还能在甲板上驰马往来。当时王濬率领的楼船，首尾相连有百里，浩浩荡荡，由四川顺流而下，直逼吴国的石头城，吴主孙皓在强大的楼队面前，只得屈膝投降。西晋时期，楼船上开始装设拍竿这种重要的战争武器。宋代，将车轮舟和楼船技术合一，发展出装有多达 24 轮的楼船。

但楼船由于其重心高，抗风暴能力差，用于远海是相当危险的。所以，我们看到的文献记载大多将楼船用于内河之上，偶尔也用于近海，来减少其倾覆的风险。楼船参与的著名战役几乎都在长江之上，如赤壁之战、西晋灭吴之战、隋灭陈之战、元灭南宋之战等。

▲ 图 4-4 汉代楼船复原图

▶ 图 4-5 昆明池遗址公园汉武帝操练水军巨型雕塑

斗舰和艨艟

楼船的船体巨大，在战争中也是有其不足之处的，活动起来并不灵活便利。所以，后来兴起了斗舰和艨艟这两种较为轻松灵活的战舰。它们既可以用来牵引和掩护小船，有时也能安装一根巨大的撞角来冲击敌军主力舰。两者相比，斗舰的形体比艨艟更大一些。斗舰是东汉时出现的一种新型战舰，正如其名字里的“斗”字，它的战斗力非常彪悍，不但速度飞快，装甲防护与战斗力也极强，还能发射强弩巨石等武器。无论近战还是远程火力，都是相当凶悍。特别是在天下大乱的东汉末年，行驶灵活且船体巨大的斗舰，更成了各路豪强的最爱。以水师作战擅长的孙权、刘表，麾下都装备大量斗舰。

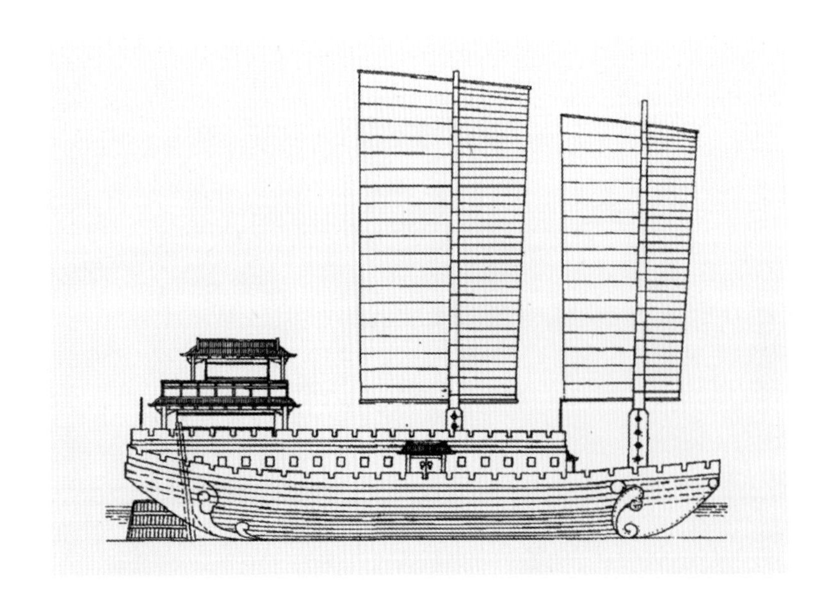

图 4-6　船史专家李蕙贤、文尚光绘制的斗舰复原图

东汉末年，曹操挟天子以令诸侯，统一了北方。随即训练水军，准备攻灭控制荆襄的刘表和盘踞江东的孙权。208 年，曹操统兵 20 余万，号称 80 万，南下争雄。在湖北当阳大败依附刘表的刘备之后，又占领了荆州，收降刘表水军七八万。孙权、刘备面对压境大军，组成约 5 万兵力的联军，溯江而上，抗击曹军，在赤壁（今湖北蒲圻西北，长江南岸）与在乌林（长江北岸）的曹军隔江对峙。孙军统帅周瑜的部将黄盖献计：曹军人数多而我军人数少，难以与其持久作战。但是，他们的船首尾相接，我们可以将其焚烧，然后逃跑。周瑜采用黄盖的火攻之计，于刮起东北风的一天黄昏，主动进攻，派出斗舰、艨艟数十艘，里面装上干草，灌上膏油，用帷幕裹起来，作为先锋，由黄盖率领着假装向曹操投降。当时正好刮着强劲的东南风，同时发火，火烈风猛，船如箭一样快速插入曹军的船阵中，烧尽了曹军的船。曹军大败，赤壁之战确定了三分天下的局面。这是中国历史上有名的以少胜多的辉煌战例。这样大规模的以水战为主的战役，在水战史上也是空前的，它反映了当时我国造船技术之高超，造船业之发达。作为先锋的斗舰，在这次战役中发挥了重要作用。说明了它的确是当时装备精良、形制优越的战船。

对斗舰的记载首见于《三国志》中，孙权的部属说：荆州刘表治水军，艨艟、斗舰乃以千数。在决定三国鼎立局面的赤壁之战中，盘踞江东的孙权仅派作先锋部队的艨艟、斗舰即达数十艘之多。孙刘联军曾以斗舰作为前锋，一举粉碎了曹操优势兵力的进攻。按照刘熙在《释名》一书中对“舰”的特征的介绍：其上层建筑的主体部分，分上下两层；每层四周均安装有木板以防御敌方的矢石；严密坚固，有如牢槛。可见斗舰是一种有两层甲板，每层有防护设施的极为坚固的大型战船。

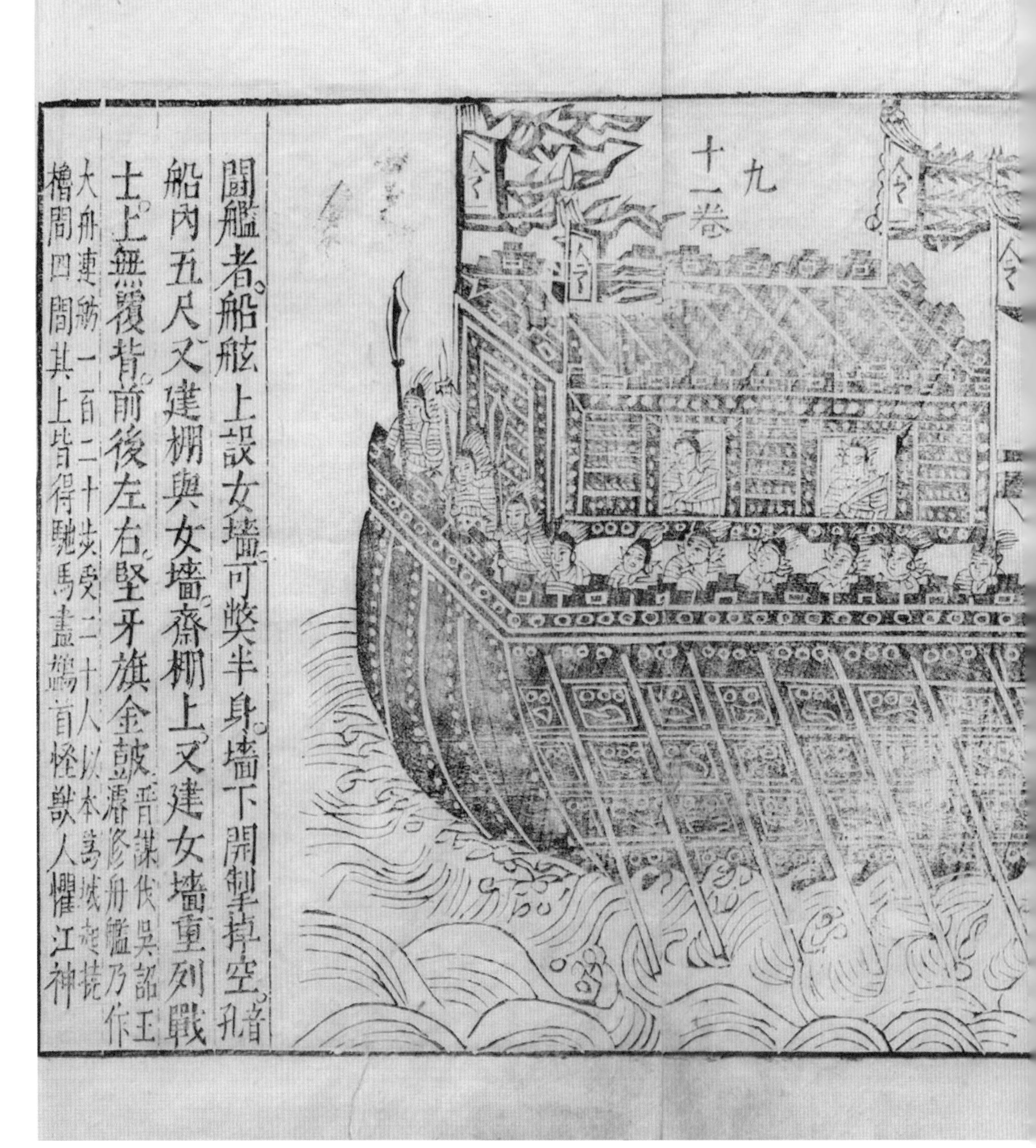

鬭艦者。船舷上設女墻。可蔽半身。墻下開掣棹空孔音船内五尺又建棚與女墻齊。棚上又建女墻重列戰士。上無覆背。前後左右堅牙旗金鼓。晋謀伐吴詔王濬修舟艦乃作大舟連舫一百二十步受二千人以木爲城起樓櫓開四門其上皆得馳馬畫鷁首怪獸以懼江神斗舰的形制在文献中有简略的记载，并有外观草图传世。船史专家依现代造船原理对这些历史资料进行了分析研究，参照当时的造船技术水平及其他有关材料，进行复原设计，制成1∶30的模型，陈列于北京中国人民革命军事博物馆古代战争馆内。按照船史专家为中国军事博物馆复原的斗舰模型来看，这种战舰长37米，宽9米，吃水2米，甲板上有高达7米的战棚城楼。

图4-7　古籍中的斗舰

图4-8　斗舰模型

唐代的《太白阴经》对斗舰的形制做了如下描述：斗舰的船舷上面设女墙，能把后面士兵的一半身体遮住，女墙下面开孔，用来放长桨。舷内五尺（1.67 米）的地方又建棚，与女墙齐，棚上又建女墙。唐佑的《通典》、北宋曾公亮的《武经总要》和明代茅元仪的《武备志》对斗舰的描述，均与《太白阴经》基本相同。这说明，从东汉末年刘熙的《释名》，直到明代的《武备志》，关于斗舰的记述，完全是一脉相承的，可见斗舰这种战船的形制已经规范化和成熟化。

艨艟，是一种船体狭长的快速冲锋舟。整个船背以牛皮包裹，两侧开出桨孔。可以迎着敌方弓弩射击高速突进。甲板上设有三层城楼，士兵们在城楼掩体里发射强弩。这种速度快且装甲严密的快艇，专用于大战中冲击敌方船阵。经常好似陆战里的突袭轻骑，在敌方的防线里撕开口子。

据唐朝杜佑《通典》的描述，艨艟更像是一种快速运输船：用生牛皮覆盖船的顶部，船舷两侧有划桨的桨孔，船舱的前后左右都开有窗口，从中弩箭可以射击、长矛可以伸出，让敌人无法进入船内，箭和石块也不能摧毁船只。艨艟并不是大船，更注重的是速度，为的是趁人不及，而并非专门用于战斗。在赤壁之战中，孙权选择艨艟展开突袭的原因，首先就是它们自身轻便敏捷，而且由于不是主力舰只，烧毁的艨艟并不会给舰队的战斗力带来损失。

蒙衝者。以生牛革蒙戰船背左右開掣掉空矢石不
能敗。前後左右。有弩窓矛穴敵近則施放此不用大
船務在捷速。乘人之不備。

图 4–9　古籍中的艨艟

蒙衝
六

八槽舰

八槽舰是东晋时期造船技术的杰出代表，也是中国水密舱壁技术在船型上的最初表现形式。这个技术在东晋时期的名字为什么叫作“八槽舰”呢？原因是最开始的时候船利用水密舱壁技术将船体分解成了八个船舱，这样就算其中的一个船舱漏水了，也不会影响船的行进，而且这个技术最开始的应用是起源于一次起义。这种船型由当时以孙恩、卢循为首的农民起义军发明，自从其在海上起兵后，数十年间，率领着水军多次驰骋于河道沿岸的各个地区，甚至直逼都城建康（今南京），这对东晋朝廷造成了严重的冲击。八槽舰是孙恩、卢循率领的水军中的撒手锏，技术含量最高，最具威力，主要表现为船行速度快、抗沉能力强。这样的对于中国造船史有着深远影响的技术发明，来源于孙恩、卢循为首的起义军在多年的海上战争中的经验总结，以及对舟船技术的发明、改进和创造有较深厚的知识积累。

图 4–10　八槽舰隔舱模拟图 ◀

图 4–11　船史专家龚昌奇、席龙飞、吴琼绘制的八槽舰结构图 ▶

东晋时期是中国历史上的动乱时期，社会矛盾尖锐，由孙恩、卢循率领的起义军屡战屡败，孙恩选择投海自尽，由卢循接任首领。他们起义的最大特色就是从海上来，又从海上去，来去突然，给政府军造成了很大的困扰。在海上起兵的过程中，他们比较注重对建造舰船的钻研和琢磨，研究和总结对其有利的水战技术和造船技术，在我国东部海域和长江流域与东晋政府军进行了多次水战。但是，由于政府军的强大，卢循还是屡战屡败，不得不率领起义军南下到广州一带。在此期间，卢循及其部下总结战争经验，改进舰船建造技术，最终研发出了八槽舰这种先进的水战武器。他们趁着都城建康防守力量薄弱的时候，顺着水路北上，直逼东晋朝廷的核心地带，使其猝不及防。在水战的过程中，八槽舰船体受损，江水倒灌，但是却没有沉没，能够继续前进、战斗，使东晋政府军感到十分震惊。

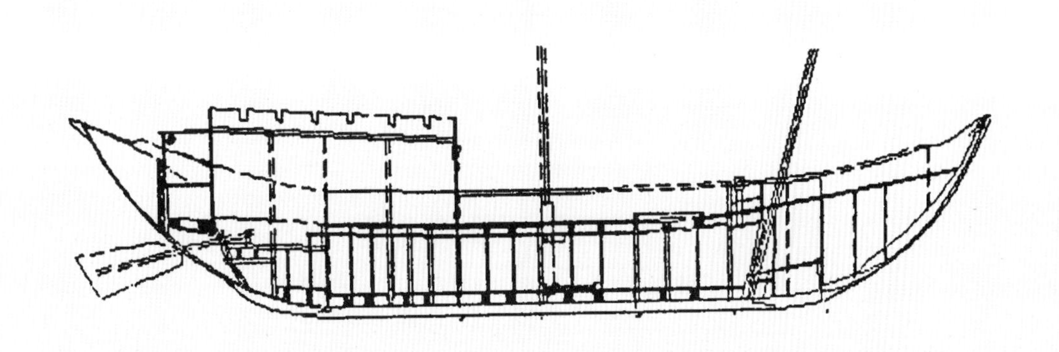

在《晋书》和《资治通鉴》中，有关于孙恩、卢循率领起义军在海上战争的记述，而且两人均先后沉海而死。由于他们在历史文献中是被列为贼寇，所以，按照中国正统的史学传统，并没有记载在孙恩自尽后，接任义军领袖的卢循发明的八槽舰，也没有适当评价他的功绩，所以我们今天对于八槽舰的发明者的印象和感官认识是模糊的。但是，也有一些史学典籍里记载了八槽舰的一些史实。如在《义熙起居注》中记载：卢循新建造的八槽舰有九艘，起四层，高十余丈。《宋书》在记述刘裕镇压卢循水军时，说卢循有八槽舰九艘，起四层，高十二丈。把 12 丈的尺度换算成现代尺度的话，东晋的一尺约相当于现在的 23 厘米，那么 12 丈就是 27.6 米。按照现代船史专家席龙飞、龚昌奇等的研究，这样的高度应该不仅仅是上层建筑（起四层）的高度，而应该是包括了船桅以及桅杆顶上旗帜以及风向标等物件的最大高度，而根据这样的高度，又可以按照比例测算出船长也应该有十余丈。这样的高度和长度，在东晋时期是非常壮观的，显示了其在秦汉以来的成熟的造船技术基础上的进一步发展。八槽舰的操纵依靠尾部的拖舵，其航行动力主要是帆，在无风时或在港内移动时则依靠橹，每边设 4 只橹，全船共 8 只。

图 4–12　船史专家龚昌奇、席龙飞、吴琼绘制的八槽舰布置图

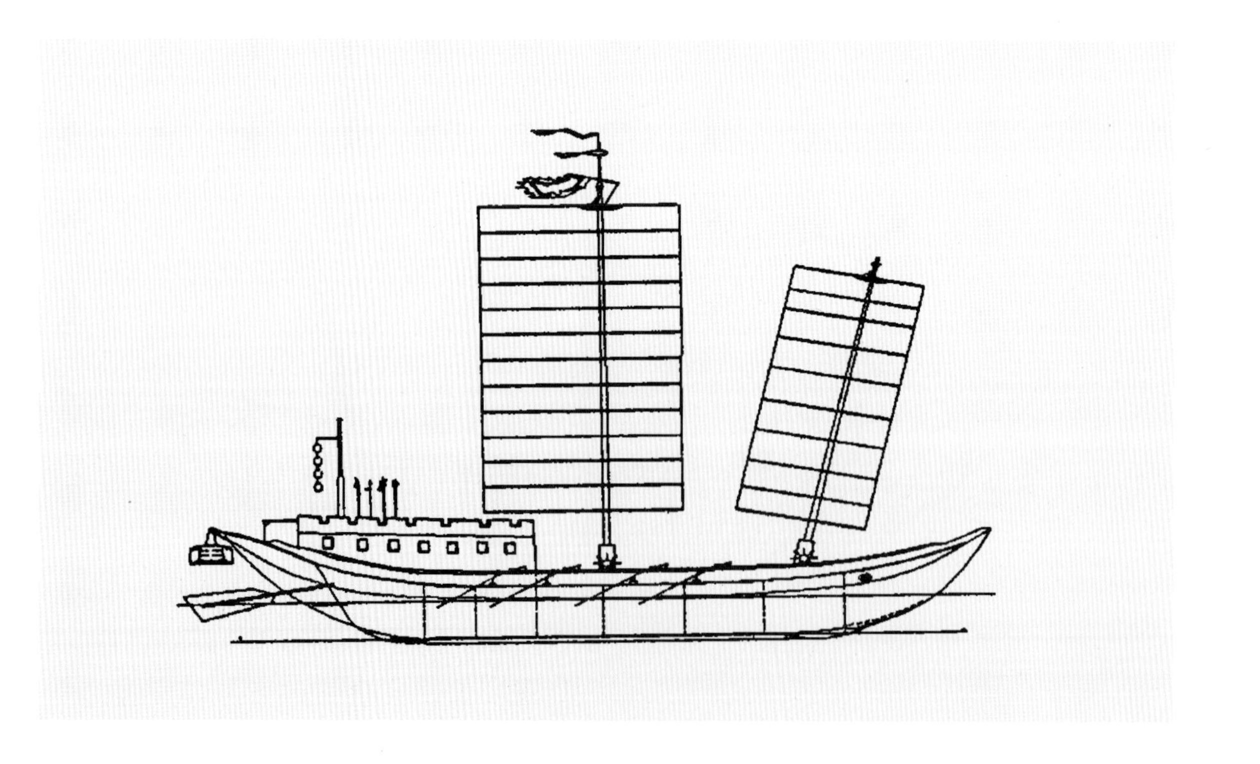

五牙舰

隋文帝杨坚，为了讨伐江南的陈后主，命行军元帅杨素于永安（今重庆奉节）大造船舰，训练水师。隋开皇八年（588 年），杨素统帅由五牙战舰为主力的各型战船组成的庞大舰队，在长江上与南朝陈军展开激战，并大败陈军。由杨素统帅的以五牙舰为主力的舟师，在消灭陈朝统治，结束南北朝的分裂局面上发挥了重要作用，从而完成统一全国的大业。

图 4-13　中国军事博物馆的五牙舰模型

《隋书》记载：五牙舰，上面有五层楼，高百余尺，前后左右配置六根拍竿，总高五十尺，可以容纳士兵八百人，旗帜加在上面。五牙舰在三峡与守军展开激烈的水战，三战皆捷，直捣建康。鉴于五牙舰在统一中国的战役中发挥了重要作用，在北京军事博物馆的主持下，经船史专家席龙飞、龚昌奇等人的研究，五牙舰得以复原，现长期展出在该博物馆。其尺度是：舰长 55 米，甲板宽 16 米，型深 4 米，吃水 2.2 米。前后左右设六只拍竿。在五牙舰的甲板上起楼五层，通高为 25 米，合“高百余尺”之数。

图 4–14　嘉兴船文化博物馆的五牙舰模型

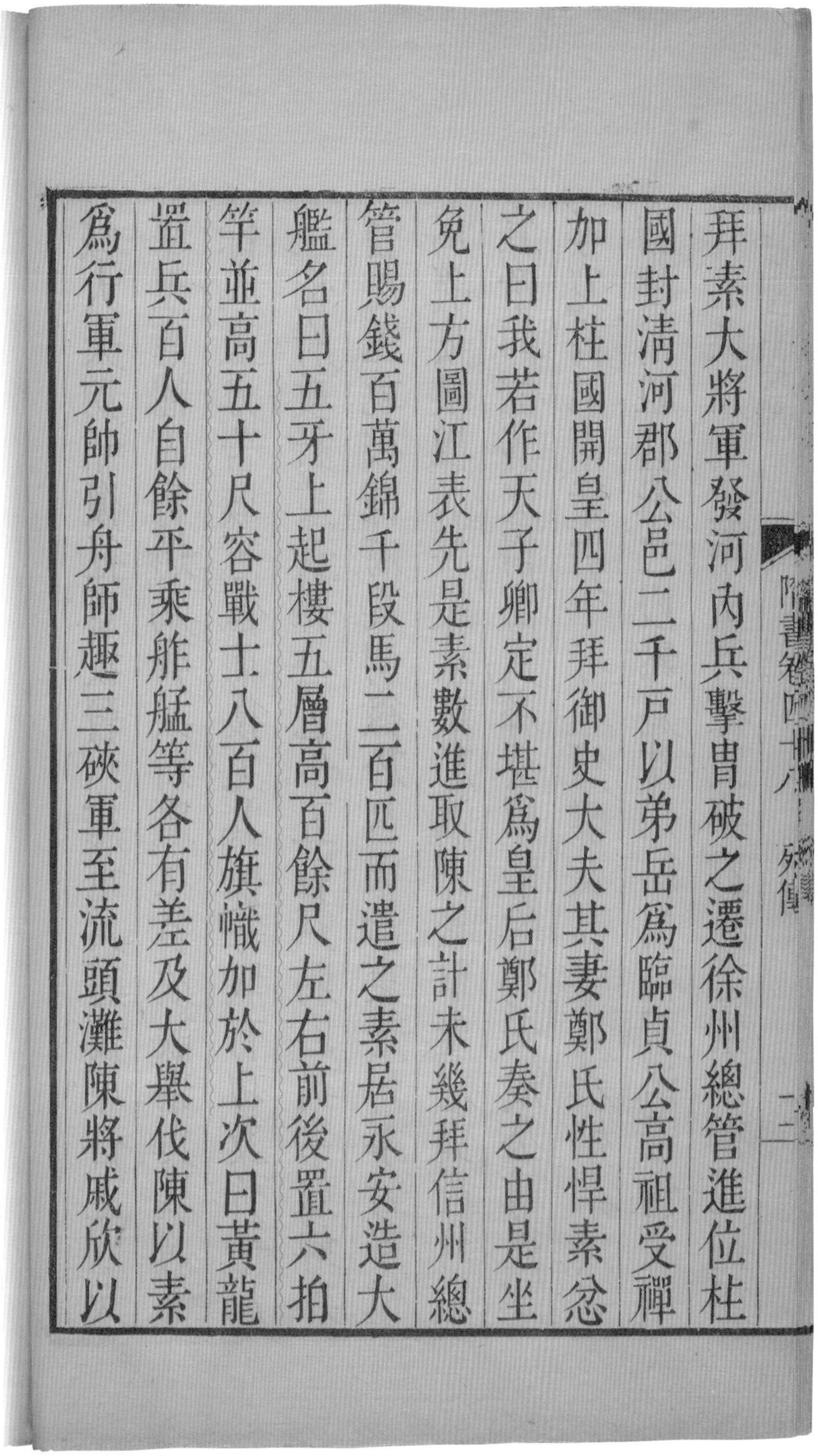

隋書卷四十八 列傳

拜素大將軍發河內兵擊冑破之遷徐州總管進位柱國封淸河郡公邑二千戶以弟岳爲臨貞公高祖受禪加上柱國開皇四年拜御史大夫其妻鄭氏性悍素忿之曰我若作天子卿定不堪爲皇后鄭氏奏之由是坐免上方圖江表先是素數進取陳之計未幾拜信州總管賜錢百萬錦千段馬二百匹而遣之素居永安造大艦名曰五牙上起樓五層高百餘尺左右前後置六拍竿並高五十尺容戰士八百人旗幟加於上次曰黃龍置兵百人自餘平乘舴艋等各有差及大舉伐陳以素爲行軍元帥引舟師趣三硤軍至流頭灘陳將戚欣以

图 4-15 《隋书》

据船史专家席龙飞、龚昌奇等人的研究，隋朝五牙舰是中国历史上在长江上最大的舰只。此前，晋武帝司马炎也曾在长江上游的四川造过大船以伐吴，但不及隋朝的五牙舰。再往前追溯，三国时孙刘联军抗曹的赤壁大战，有著名的斗舰，其尺度与规模当然也比不过隋朝的五牙舰。我国自汉代起有楼船，但只起楼三层。即使是三层楼的楼船，也是出于壮军威的目的而设，在航行性能上并无好处。在隋之后的唐代，楼船也是起楼三层，未见有五层者。五牙舰航行在长江，少有暴风，设五层船楼则高大雄伟。每层楼上都备有武器，居高临下，可充分发挥弓矢的战斗力，非常有优势。

明代兵书《金汤借箸十二筹》有对五牙舰上拍竿的记述：拍竿，其形制如大桅一样，上放置巨石，下设置辘轳，绳索连接到顶点处，放在大舰上。每舰有五层楼高，约百尺（1 尺约 0.33 米）。设置六个拍竿，高五十尺，战士八百人。每当迎战敌船，靠近的时候发拍竿击打，被打中者会马上碎掉。按隋尺计，拍竿当在 12.5 米以上。五牙舰是否装有风帆，文献中没有记载。船史专家判断，从具有高大、丰富的船楼看，应没有装帆的可能。五牙舰的动力主要靠划桨，操纵主要靠尾部的拖舵。

图 4–15 船史专家龚昌奇、席龙飞绘制的五牙舰复原图

第五章

中国造船技术的巅峰

著名科技史家李约瑟指出：1420年，明代水师比任何国家都出色，同时代的任何一个欧洲国家，乃至所有欧洲国家联合起来，都不是其对手。郑和出使西洋的船队，在15世纪时，是世界上最大、最完备的远洋船队，是一支大型特混舰队。郑和宝船及其船队的庞大规模，令欧洲当时的船队远为逊色。而1492年哥伦布美洲探险只有帆船3艘，共有水手88名。1497年，达·伽马远航印度的船队，其旗舰长度80英尺（不到25米），船员约160名。郑和组织和率领的庞大船队，不仅把古代中国航海事业推向了一个新的高峰，在世界古代航海史上也无与匹敌。

郑和下西洋出征图

朱棣登基称帝后，改元永乐，开创了『永乐盛世』。自稳定了朝内局势后，便派遣郑和率两万余众的船队浩浩荡荡下西洋。郑和下西洋有着重要的政治使命，第一是强化明成祖朱棣执政的权威性，又称『颁正朔』，第二是光耀国威，广招各国来朝。郑和下西洋庞大船队所乘船能够在浩瀚无际的海洋中长期的行驶，从侧面体现了明朝杰出的造船技术和高超的制造工艺，同时郑和下西洋也为明朝的造船技术提供了实践的平台，对明朝的造船技术既是考验又是机遇。

郑和下西洋

郑和是在中国最耳熟能详的著名历史人物之一，他出身于宦官，因为较强的处理事情的能力而逐渐受到明成祖朱棣的赏识，被授予下西洋的重任，从此名扬海内外，至今东南亚等地区还有各种关于郑和的庙宇供人们参拜。长期以来，对于郑和下西洋的原因，有着各种猜测。一种观点认为郑和下西洋是为了按照明成祖朱棣的旨意追查建文帝朱允炆的下落，因为朱棣怀疑在发动政变攻占皇宫的过程中，朱允炆没有丧命，而是经由海路外逃，所以要对其进行追捕，以根绝后患；另一种观点则认为郑和下西洋是为了宣扬明朝的国威，以彰显明成祖朱棣的权威，造成一种万国来朝的感觉。但是，如果细究郑和多次下西洋的过程和南宋以来陆上丝绸之路的中断和海上丝绸之路的开拓，就可以看出，郑和下西洋是有其沟通中西的历史使命包含在其中，在中西方贸易、文化交流、航线开辟等方面，都做出了重要贡献。

明永乐三年（1405 年），郑和率领一支由 200 余艘战船、2 万多名官兵组成的庞大舰队，开始了七下西洋的壮举。七次下西洋从永乐三年（1405 年）持续到宣德八年（1433 年），前后历经 28 年，经我国南海，沿中南半岛到南洋诸国，再经马六甲海峡到印度洋沿岸以及非洲东海岸，足迹遍及 30 多个国家和地区，传播了中华文明，促进了经济文化交流和经贸往来，扩大了中外友好关系，创造了世界航海史上的辉煌奇迹。上述地区大体包括越南、菲律宾、马来西亚、泰国、柬埔寨、印度尼西亚、文莱、印度、孟加拉国、伊朗、也门、阿曼、沙特阿拉伯、索马里、莫桑比克和肯尼亚等国家。郑和下西洋比哥伦布到达美洲大陆航海早 87 年，比达·伽马绕过好望角到达印度的航海早 92 年，比麦哲伦的环球航海早 114 年。其船队的规模和所用船只的大小远远超出了世界上其他国家的海上实力，把中国传统造船技术推进到空前的繁盛时期。

图 5-1　郑和宝船和哥伦布坐船对比模型 ◤

图 5-2　郑和下西洋路线图 ◥

图 5-3　《郑和下西洋 600 周年》纪念邮票 ▶

小贴士

“西洋”这一概念最开始没有严格的界定，大体上是指今日东南亚、南海与印度洋及其沿岸的国家和地区。明代的《东西洋考》中曾写道：文莱就是婆罗国，它在东洋的尽处，在西洋的开始之处。按照我们今天的地理知识来看，东、西洋大体以加里曼丹岛为界。明朝中叶以后，随着西方殖民者的东来和侵扰，明朝人将葡萄牙人在印度殖民地果阿称为小西洋，将欧洲大陆称为大西洋。到了清朝，“西洋”这一用语，逐渐成为专指西部欧洲。

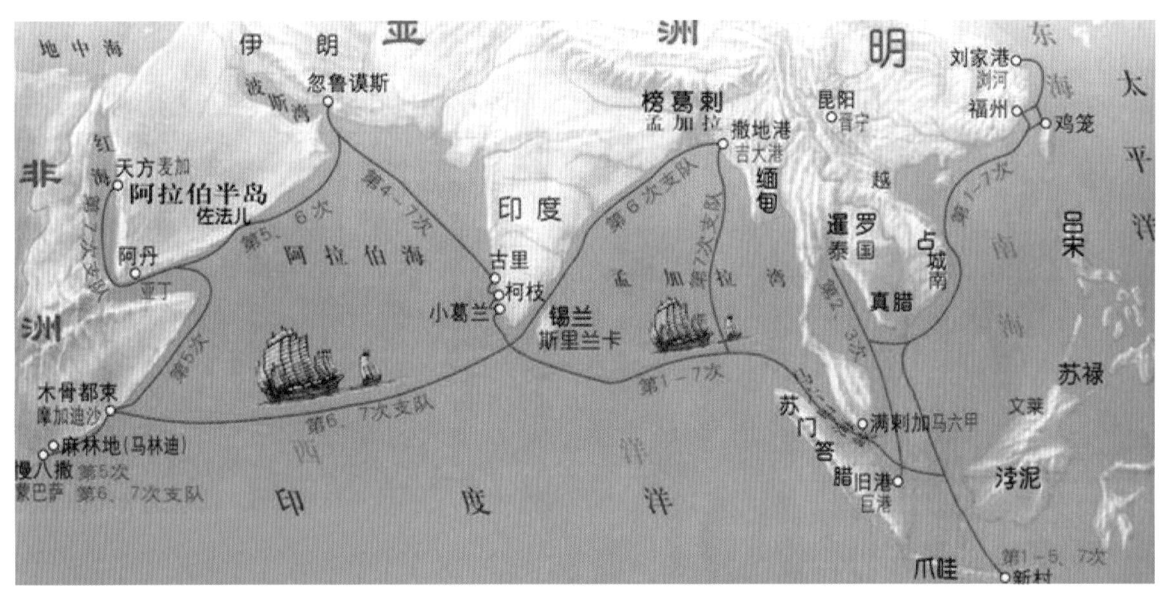

郑和下西洋的壮举，标志着我国造船技术达到了巅峰，我国的造船和航海技术居于世界领先地位，对世界的造船和航海事业产生了深远影响。郑和下西洋，开辟了数十条航线，积累了丰富的航海经验。他们绘制的航海图精确度极高，被后来许多航海家收藏使用。随郑和一起远航的人们留下了《瀛涯胜览》《星槎（chá）胜览》《西洋番国志》这些书本，详细记载了今天中南半岛、爪哇岛、马来半岛、苏门答腊岛、印度半岛、阿拉伯半岛和非洲东海岸许多国家的情况，对那里的天文地理、风土人情等方面做了详细描述，为人们以后的航行提供了宝贵资料。其中,《瀛涯胜览》一书，出自亲历下西洋的通事（即翻译）之手，更具原始资料性质，弥足珍贵。

《郑和航海图》记录了郑和船队在南海、印度洋周边国家的航行路线和历程，充分展示了中国作为一个海洋性大国的强大之处。该图收录于明代军事百科全书《武备志》中，以图说的形式展现了航线针路图。其中有图 40 幅，共 20 页，记载了 530 多个地名，最远到东非海岸有 16 个地名。标出了城市、岛屿、航海标志、滩、礁、山脉和航路等。其中明确标明了南沙群岛、西沙群岛和中沙群岛。

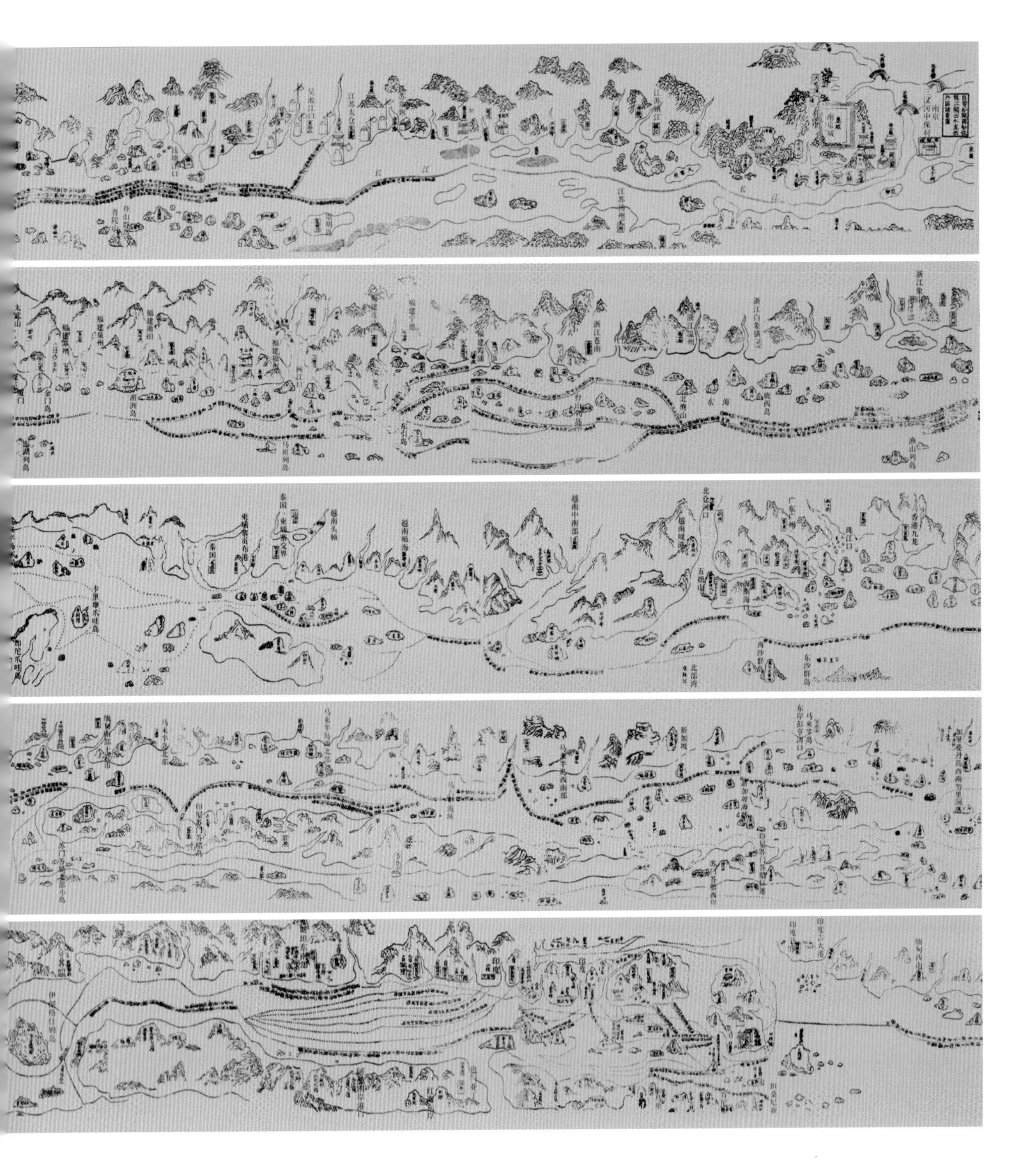

图 5-4　郑和航海图（局部）

郑和下西洋是人类海洋文明发展史中的重要组成部分，是西方地理大发现的先导，其重要性不言而喻。郑和下西洋时的中国造船技术、航海技术、气象预测等方面，在当时处于世界领先地位。郑和下西洋，不仅使中国古代航海事业达到了一个新的高峰，也成了世界航海史上的一个里程碑。郑和下西洋的伟大航海壮举，证明了中国自古以来就是世界海洋大国和航海大国，中国不仅是一个陆地强国，还是一个海陆兼备的强国。

与西方的大航海时代和地理大发现相比，郑和下西洋的成就和影响在很多方面遥遥领先，可以从以下几个方面进行对比。

从时间上来看，郑和下西洋要比哥伦布、达·伽马和麦哲伦等人的航行都早；郑和下西洋前后延续 28 年，是欧洲任何航海家所难相比的；郑和七下西洋航程之远与繁复，在 15 世纪上半叶时的世界是绝无仅有的。郑和下西洋开启了世界的航海史上的一个新时代，对世界文明的新发展做出了重大的历史性贡献。

从规模上说，郑和船舰之大、船型之巨、船体结构之精、航海技术之先进、航海累积里程之多和时间之久、人数之众多，都是当时欧洲许多著名航海家的事迹和贡献无法比拟的。郑和航海有 27 800 人左右的船员，船长 44 丈、宽 18 丈的大中宝船有 62 艘，篷帆锚舵，非两三百人，莫能举动。而达·伽马只有不到 100 人的船员和 3 艘船。哥伦布几次航行美洲过程中，规模最大的一次乘员也只有 1 700 人。

从目的来看，郑和下西洋的目的是皇权对外寻求威望与声誉的要求，展开的是和平友好的外交活动，执行明成祖“共享太平之福”的和平理念。郑和 28 年的下西洋全过程中，虽带有近 3 万人的部下，但从未抢掠任何财物、未侵占各地的一寸土地，在外也未驻有一兵一卒。李约瑟评价说：中国航海家从容温和，不计前仇，慷慨大方，从不威胁他人的生存；他们全副武装，却从不征服异族，也不建立要塞。

明朝是古代海上丝绸之路发展到鼎盛的时期。在明朝以前，海上丝绸之路一直未有中断，郑和下西洋则使海上丝绸之路的贸易水平和规模，在继承宋元的基础上有所提高和扩展。郑和主动开展朝贡贸易、官方贸易等国家级别的贸易，带动民间对外贸易，而且为亚非国家间贸易开辟了通道，在国际贸易史上获得了空前的成功。郑和对于海洋的认识是十分具有远见的："欲国家富强者，不可置于海洋于不顾""财富取之于海"，这都表明了郑和的预见性。

2005 年 7 月 11 日，是中国伟大航海家郑和下西洋 600 周年纪念日。2005 年 4 月 25 日，经国务院批准，将每年的 7 月 11 日确立为中国"航海日"，作为国家的重要节日固定下来，同时也作为"世界海事日"在中国的实施日期。

图 5-5　中国航海日纪念邮票

说明　2010 年 7 月 11 日，为庆祝第六个中国航海日，中国邮政发行《中国航海日》纪念邮票一枚。

郑和宝船

明代海船按其所有权可分为官船和民船两大类。一般的使船和战船属于官船，而商船和渔船则属于民船。官船中的使船是指出使海外各国所用之船，包括郑和下西洋所用之船和出使琉球册封的封船。从广义上来讲，郑和下西洋的船也就是宝船。从狭义上来说，郑和下西洋船队中可能包含有四种船：宝船、海船（包括二千料和一千五百料船）、八橹船（大八橹、二八橹）和水船。

图 5-6　复制的郑和宝船 ◀

图 5-7　郑和宝船模型 ▶

郑和船队供正、副使坐的最大船（宝船）长 44 丈（约 156 米），宽 18 丈（约 51 米），装有九桅十二帆，载质量达 1 500 吨，是当时世界上最大最好的船。这支庞大的船队完全是按照军事组织进行编制，采用了当时最先进的航海装备和技术，在当时世界上是一支实力最雄厚的海上舰队。郑和随行中有许多著名航海家，对南海、印度洋的地理气候条件十分熟悉，掌握了丰富的航海经验。

人们对于郑和宝船船型的认识，有一个发展的过程。20 世纪 80 年代前，人们一直以为宝船是南京龙江船厂所造，应是长江下游一带通常使用的沙船型。近年来，随着关于郑和研究的深化，宝船船型为福船型逐渐成为人们的共识。宝船并非全部是由龙江船厂建造，作为宋元时期造船中心的福建，在宝船的建造中占有重要地位。

位于南京中保村的明代宝船厂遗址，曾是世界上最大的造船基地，郑和首航西洋所用的宝船、战座船、战船、兵船、马船、粮船、水船等共 208 艘船只全部在这里建造。

据《明史》和《瀛涯胜览》记载，郑和船队的宝船，最大的长44丈、阔18丈，中号的长37丈、阔15丈，每船平均可载四五百人，最大的可容纳一千人，张挂9桅12帆，是当时世界上最大的最先进的船只。郑和宝船的船舶形式种类很多。按史籍记载的称谓有海舟、海风船、海运船、宝船等；按功能划分，有大宗宝船、分宗宝船、马船、粮船、座船、战船、水船等；按船型特征划分，有福船、鸟船、沙船、广船等；按载质量划分，有2 000料、1 500料、400料、100料等；按推进方式划分，有9桅12帆到3桅3帆或大八橹、二八橹、六橹等；按航行水域划分，有海船、遮洋海船（相当于近岸遮蔽海区）等。整个海上编队的各种船舶与陆上宫殿、房屋等建筑一样，在尺度、规格、功能、外形、结构等方面既有明朝相对统一的形制、规范，又各有地方特色。

图5-8　《瀛涯胜览》书影

郑和七次下西洋宝船的诞生，是明代造船业继唐宋以来进一步得到发展的明证。随着生产力水平的日益提高，造船技术的不断进步，在明初特定的历史条件下，为适应政治、经济等多方面的需要，明代造船家突破了前代的造船传统，成功地建造了中国历史上最长最宽最大的宝船。这种巨型海船，在中国历史上前所未有，即使在当时世界上也是首屈一指、无与伦比，它是中世纪中国造船业在全世界遥遥领先的明证。

要建造如此的巨型海船，没有相应的设施是不可能实现的。首先，必须有与之相适应的造船设备、巨大规模的造船厂和海港。这在郑和时代是实现了。南京龙江宝船厂，就是当时大规模的造船基地和停泊中心之一。福建长乐太平港，是当时下西洋的基地港，郑和七次下西洋的船队，每次都在这里驻泊，短则两三个月，长则 10 个月以上，在这里修造船舶，选招随员，候风开洋。这样的造船基地和大港，在当时世界上是绝无仅有的。据《西洋番国志》载，宝船到了西洋诸国，就在海中停泊，因体形巨大的船难以入港。

有关郑和下西洋的档案材料包括宝船厂的资料在内，大都被焚毁或散失，导致相关史料严重不足。1936 年在发现的静海寺残碑被视为郑和宝船尺度最可靠的记载，依稀可辨的碑文提到的最大的船只是“2 000 料海船”。2010 年，明代太监洪保（郑和下西洋船队的副使）墓被发掘，墓葬中除了玉环、水晶串饰以及铅锡明器等明代遗物，还有一块《大明都知监太监洪公寿藏铭》。寿藏铭是墓主生前所立的碑铭，载其生平事迹，相当于墓志。而从这份 25 行 741 个字的铭文可知，这座墓的主人正是明代都知监太监洪保，也是郑和下西洋时使团主要领导成员之一。作为郑和下西洋使团的主要领导成员，见证了海上丝绸之路的辉煌，他在墓志中自然少不了详细记载奉使参与郑和下西洋的经历。寿藏铭中记载：“充副使，统领军士，乘大福等号五千料巨舶。”这段文字可以说是对郑和下西洋所用宝船规模的重要证明。

图 5–9　郑和下西洋的副使、明代太监洪保的墓志铭

郑和下西洋的船队由多种船型组成，其中尺寸最大的、规格最高的是宝船。《明史》记载，宝船长 44.4 丈，阔 18 丈，换算成当今的尺寸，则长达 138 米，宽 56 米。以往学界对郑和宝船的确切形制一直存在争论。有很多人对此提出质疑，认为“根本不存在这种大号宝船”。理由是这么大的排水量，要多粗的龙骨才能撑得住？与此同时，人力也不可能操纵驾驶这么大的宝船。从洪保墓出土的寿藏铭表明：洪保等人下西洋时船队的旗舰“大福号”是达到“五千料”级别的。料，为古代计量单位，或以一石粮食为一料，或以两端截面方一尺、长七尺的木材为一料。5 000 料，折合排水量达到 2 500 多吨。这一记载，证明郑和下西洋所用宝船规模至少比很多人想象的要大很多。

图 5-10　郑和宝船使用的铁锚

图 5-11　南京明代宝船厂遗址出土的大舵杆

说明　中国国家博物馆陈列着一根巨型舵杆，铁力木制成，长 11.07 米，庞然大物，十分引人注目。该舵杆是 1957 年南京市文管会在明代宝船厂遗址发现的一件重要历史文物，经过专家研究，确定它是为郑和宝船制造的舵杆。

1999年，中国科学院自然科学史研究所的金秋鹏先生翻阅中国美术史资料时，偶然发现《天妃经》卷首插图涉及郑和下西洋的宝船。《天妃经》著于1420年，是参加郑和第五次下西洋的僧人胜慧在临终时，命弟子刻印的。其插图描绘了郑和船队在海上航行，海神天妃护佑的情形。这是迄今发现最早的郑和下西洋船队图像资料。

巩珍《西洋番国志》记载，郑和宝船体势巍然，巨大，其蓬、帆、锚、舵，需要两三百人才能举动，说明船的体量巨大。郑和宝船无论在规模上还是形体上，都代表了中国古代造船技术的最高峰，是继承和弘扬海洋文化、增强民族自信的最好样本。

图5–12 《天妃经》中的明代郑和下西洋图

中国造船技术典籍

第六章

中国古代造船技术是我国科技文明发展中的宝贵财富，在各种史籍中也记载了较多的造船和航海活动，但是流传下来的古代造船技术典籍较少，最有名的如《南船纪》《龙江船厂志》《漕船志》等。此外，在一些兵书中，如《筹海图编》《江南经略》《武经总要》《武备志》等，也因为记载战争用船而对造船技术有一些介绍和涉及，再加上各种史书、文集、笔记，共同组成了我们今天了解古代造船技术的知识来源。在本章中，重点对《南船纪》《龙江船厂志》这两本造船技术典籍进行介绍。

南京明代宝船厂六作塘遗址图

南京明代宝船厂遗址是国内目前保存面积最大的古代造船遗址，并且是现存唯一的明代皇家建造的造船遗址。遗址位于南京市区西北部的中保村，西临长江之夹江。由于船厂的存在，自古以来，这一地区一直被俗称为『龙江宝船厂』。据明代《龙江船厂志》《武备志》等文献记载，宝船厂创建于明朝永乐三年（1405年），是专为郑和下西洋出访各国所兴建的大型官办造船基地。随着历史变迁和时代发展，原来大规模的船厂遗址已然不存，至20世纪70年代末，当地仅余七条造船用的船坞，依次被称为一作至七作塘。到目前只有四、五、六作塘得以保存。

《南船纪》

明代造船业的发达大体上可归因于贸易需求等经济因素与“倭患”、海战等军事因素。在宋元造船技术基础上明代的造船技术有了长足的发展，同时明代在记载造船技术方面也有不少的典籍，沈啓（qǐ）的《南船纪》就是其中的代表。

沈啓（1491—1568），嘉靖十七年（1538 年）中进士，从而进入仕途，初为南京工部营缮司主事。沈啓虽出身文官，但思维灵活，喜作功业。嘉靖年间，沈啓到南京工部任职，主持大修供御用的黄船。任职期间沈啓机智应变，不但完成了修造任务，而且还为国家节省了大笔的开支。沈啓在工部长期任职对于造船技术与漕运有着深刻的认识，《南船纪》是他在这方面思想的结晶。这本书主要讲述了造船技术和船政管理方面的内容。沈啓具有广阔的视野，他辩证地看待造船技术的发展，认为造船不是一成不变的，要不断地改良进步方能适应社会需要，这也体现了沈啓与时俱进的思想。沈啓对船只资源配置也很有想法，主张合理安排船只的使用，使其实现资源最大化利用。

嘉靖十八年（1539 年），沈啓开始写作《南船纪》，写成后找相关专业人士进行了多次校正，以确保此书能在造船实践中真正起到应有的作用。此书于嘉靖二十年（1541 年）刊刻发行，后来在清朝乾隆年间翻刻过。嘉靖本现已失传，乾隆本也罕见，目前只有国家图书馆和南京图书馆有藏。我国 2006 年批准命名的第一批国家级非物质文化遗产名录将“传统木船制造技艺”纳入其中，而《南船纪》记载的明代造船技术是这种非物质文化遗产传统技艺传承的知识载体。

《传统木船制造技艺》

项目序号：920	项目编号：Ⅷ-137
公布时间：2008(第二批)	类别：传统技艺
所属地区：浙江省	类型：新增项目
申报地区或单位：浙江省舟山市普陀区	保护单位：浙江岑家木船文化发展有限公司

图 6-1　传统木船制造技艺非遗信息

说明　舟山市普陀区面临东海，渔业生产发达。千百年来，普陀岛上产生了无数修造船舶的能工巧匠，岑氏木船作坊便是其中的代表。岑氏打造的木帆船数量品种都很可观，主要有仿古大型木帆船、渔船、仿古船等系列。其制作工艺主要包括设计、放样、放龙筋、制配底壳等十六个环节，造船使用的工具如龙锯、拉缝锯、长短锤等都十分独特。岑氏木船作坊打造的帆船除航行速度快、安全性能好之外，还具有很高的艺术价值，它美观的造型和精美的装饰往往会给人留下深刻的印象。由于时代的变迁，钢质渔船日益得到普及推广。在此形势下，传统木船手工作坊不断萎缩，木船制作工艺也随之而逐渐流失，传承、保护和进一步发展木船制造技艺已成为当务之急。

《南船纪》卷首列出了清晰的船舱内部结构图和船舱外部结构图（如图 6-2、图 6-3 所示），图形十分具体。根据这些结构图内的名称、用料情况，可以在一定程度上实现古代船只的技术性复原，也可以对古代造船技术的水平有较为深入的认识。

《南船纪》对造船技术的叙述主要在第一卷和第二卷，通过以下两方面来论述造船的相关技术。首先，通过对船只构件的用料和构件的研究来分析造船技术；第二，通过研究各船型的使用年限、数量、用途等信息从侧面反映当时的造船技艺。《南船纪》写作的初衷是通过对用料的核定来减少资源的浪费。古船皆是由大大小小不同的构件组成，这些构件有着不同的名字、尺寸和功能。所以，书中详细记录了船只构件的制作，除此之外，用量很少的材料也进行了描述和记录，比如一些石灰、白麻、染料等。从这些记录当中能够捕获到一些重要的技术信息进而还原当时的造船技术。各种船型的使用是有年限规定的，使用到一定年限需要维护修理，以及拆毁重造。其次，对卫所所能控制的船只数量和数量变化情况进行分析。再次，对不同的船型的用途进行了叙述。黄船是皇家专营船，多位于南北京师附近，战巡船只在沿海内河区主要运用于海战，运输船主要用来载货，不同种类的船舶的用料也有一定的差异。船只的管理主要由兵部和工部掌控，不过平时的管理都是由兵部来负责。

图 6-2　《南船纪》所示船舱内部结构图

图 6-3　《南船纪》所示船舱外部结构图

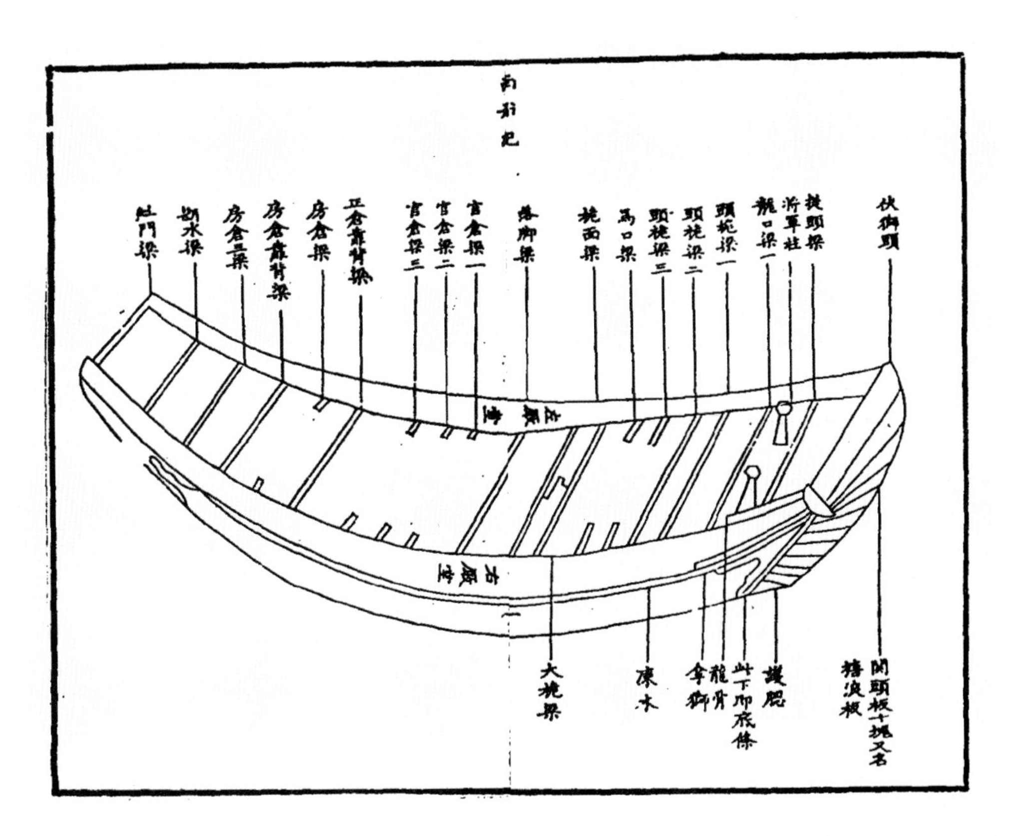

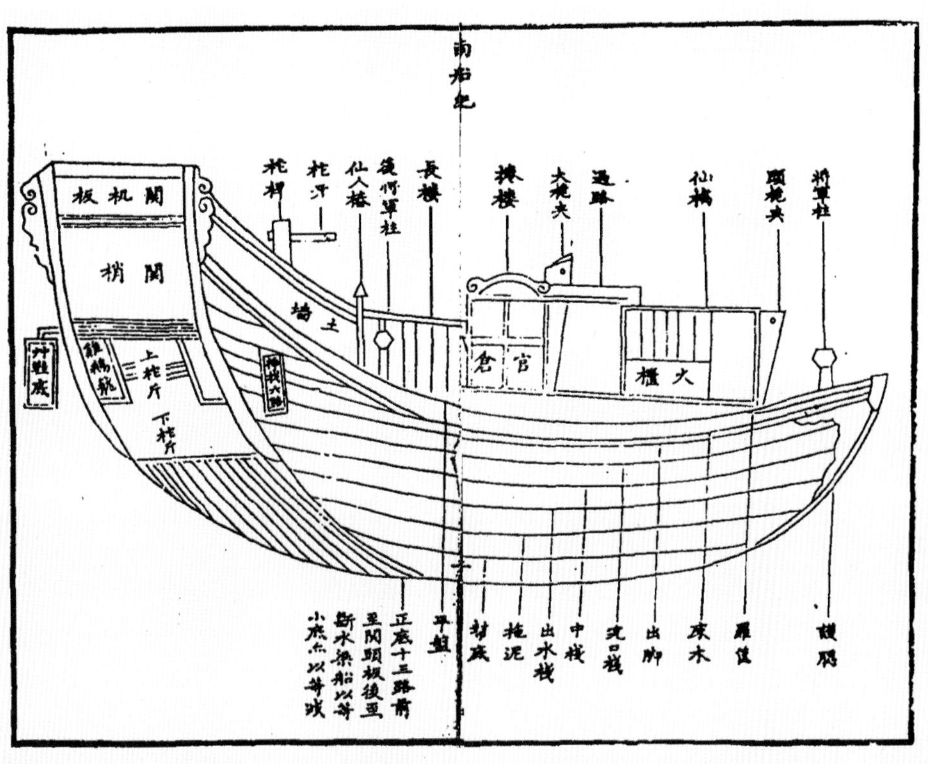

《南船纪》第三卷和第四卷对造船厂的管理制度和用工种类有详细的描述，主要从两个方面来阐述造船厂的情况。一方面记载了造船厂的管理制度，另一方面记载造船的用工种类。书中对官员的任职和职责进行了详细的记载，提举司管辖的官员为管理人员，对造船厂进行管理。书中还对工匠的人数和具体分工都进行了论述。另外书中对提举司下辖的土地用途有详细的叙述，大部分用于修建公署、造船工厂，如果有剩余的土地则用来种植桐油、黄麻这类的经济作物来降低造船的经济成本。对于用工种类，《南船纪》共统计了 36 种工种，大部分的工作都是木工和装修类的，桶作和索作这类的工作用工较少。船舶在交付时要遵守相关的使用规则，在交付时要将情况记录在册。各种船舶的功能都不尽相同，不同类型的船舶有着不同的用途，它们适用的区域也不相同，机构的设置和人员的安排也有差别。

《南船纪》的内容涵盖了造船技术和船政管理，而作者沈啓本身就是曾在船厂任职的官员，再加上他留心访求各种懂得造船技术的人员，使得此书的内容专业、有深度，价值极高。《南船纪》的主旨在于昭示法制、规定工料，从而杜绝弊端，此书图文并茂，非常直观。它记载的船型有：预备大黄船、大黄船、小黄船、400 料战船、1 000 料海船等。《南船纪》记载的内容非常详细，在技术工艺和船政管理方面都指导了当时造船业发展的实践，而且成为后来造船著作的重要参考资料，如《龙江船厂志》就多处引用了《南船纪》。

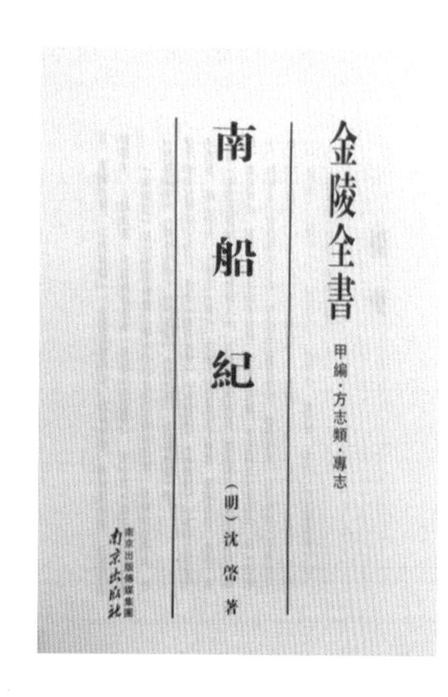

图 6–4　南京出版社影印出版的《南船纪》

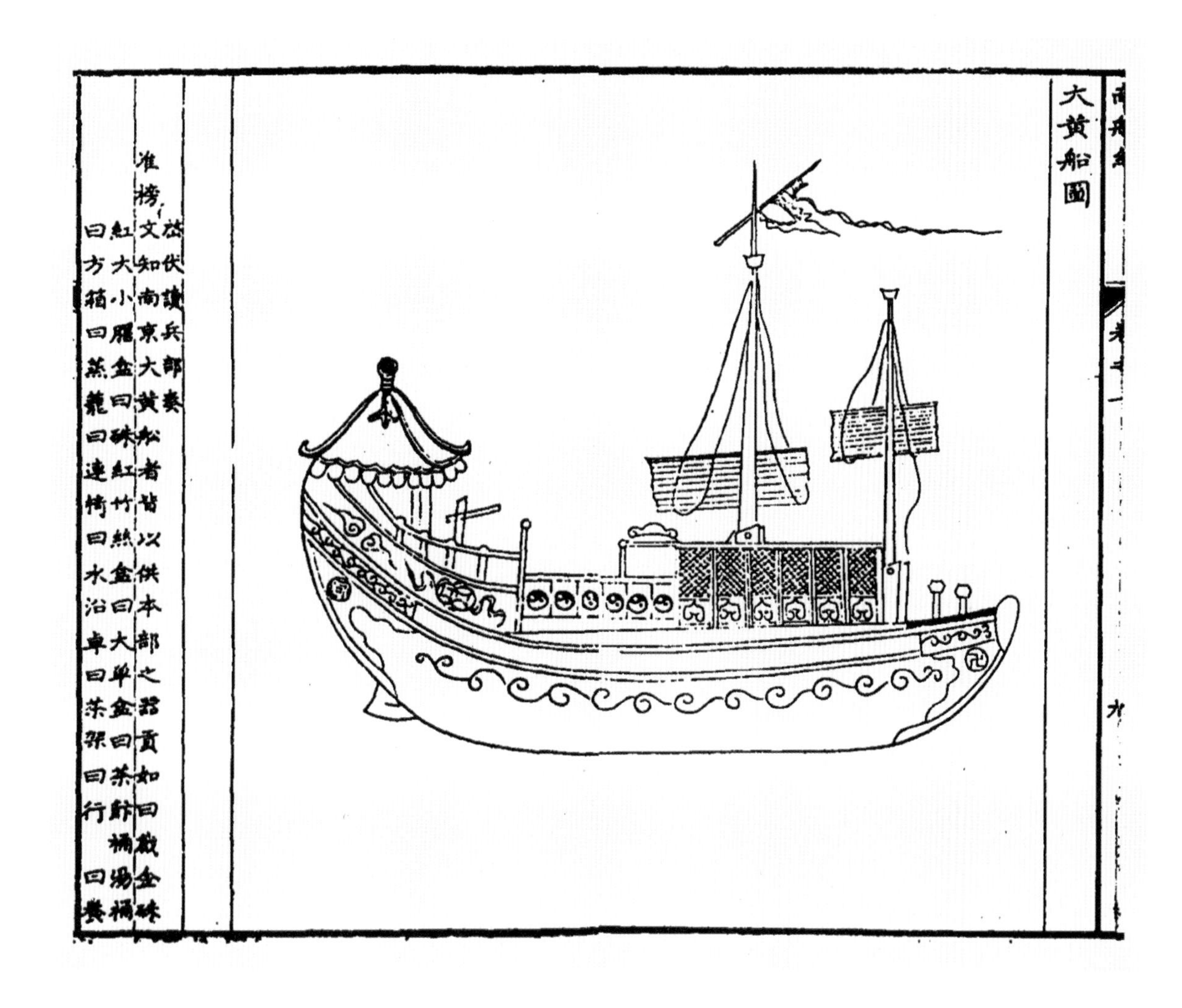

图 6-5　《南船纪》中的大黄船

说明　在明代，黄船是指专供皇帝御用的船只，主要产自南京。它分为三种：第一种是预备皇帝南巡时使用，叫作预备大黄船；第二种是大黄船，比预备大黄船略大，没有上层建筑，可供南京工部派遣及宫内太监调用，是往北京运送宫中器物、食品等的贡船；第三种则为尺寸更小的小黄船，各方面都不及前两种。

小贴士

什么是“料”？古人所说的“料”，最早是指造船所用木材的体积，以后才转化为容积单位。在宋元明时期，“料”是古代船只的容量单位，是衡量船只大小和等级的重要称谓。因此，对料的估算，可以让我们知道古代船只的大小。但是，对于古船的“料”的具体含义，不同的专家之间意见分歧非常大，主要有三种：“料”用于衡量船只的载质量；“料”是一种容积单位；“料”表示造船所用的木料多少。但是不管怎么说，都可以通过“料”的差别来区分古船的大小和等级，这是确定无疑的。

《龙江船厂志》

《龙江船厂志》成书时间晚于《南船纪》，作者李昭祥是明嘉靖年间人，于嘉靖二十六年（1547 年）中进士，步入仕途，后任职于工部，曾长期主管龙江造船厂的工作（1551 年就任）。在主持龙江造船厂期间，面对日益陷入混乱和衰落的造船厂，李昭祥收集资料并结合工作实践撰写而成《龙江船厂志》，意在恢复秩序、重建造船能力，使得造船厂重新兴盛起来。此书于嘉靖三十二年（1553 年）印行，作为船厂内部管理所用的规范文本，流传不广。民国时期，该书由郑振铎收入《玄览堂丛书续集》，1947 由台湾省图书馆影印出版，20 世纪 80 年代，除北京图书馆、南京图书馆有藏外，已属罕见。

图 6-6　江苏古籍出版社影印的《龙江船厂志》

图 6-7　南京出版社影印出版的《龙江船厂志》

李昭祥长期主持龙江造船厂，熟悉造船技术与各项造船的事务，可以说此书是作者的亲身经历。《龙江船厂志》共八卷，于嘉靖年间创作完成，对于研究明代造船技术具有很高的学术价值。《龙江船厂志》卷二为《舟楫志》；卷四为《建置志》；卷八为《文献志》。这几卷内容主要记述了造船的技术，船只的类型以及沿革等内容。其他各卷则侧重于对船厂组织、管理制度等的记述。

图 6-8　龙江船厂遗址

《龙江船厂志》对造船技术的论述主要分三部分。首先，对造船厂所使用的造船技术进行了记述，通过制额、器数、图式三方面的内容全方位地讲解造船技术。一方面是讲所建船只的数目以及船只的分配方法。另一方面是讲船只构件的内容。船体构造异常复杂，由众多构件组合而成。数量众多、造型各异的构件决定了造船的复杂程度和精准性极高。对构件的数量和尺寸不得有一丝误差，失之毫厘差之千里。最后就是通过图示及其标注对船式和构件的技术参数详细记录。其次，通过记录龙江造船厂的地理位置和内部机构的设置，证明了当时的造船技术。详细介绍了龙江造船厂的建设地点，包括提举司、工部分司、蓬厂、油麻地和造船厂在内的所有地点均已记录在案。最后，通过以往文献的记录了解造船技术。其中，造船业的发展、船舶管理体系的建立和有关于船舶的其他内容，分为三个部分：创制、设官和遗迹。书中叙述了造船的起源和发展，并介绍了历史上出现的船型。接着主要描述了船舶管理制度形成的历史以及有关水战和船文化的历史。

《龙江船厂志》的其余章节主要介绍了船厂的管理制度。第一，记载明代皇帝有关船政的论述与关于船政的法律法规。第二，记载自明初开始到嘉靖年间主理船政的正五品以下官员和工匠的名单。第三，介绍当时船厂运营方面的事项。分地课、木价、单板、杂料四部分。第四，主要记述船政实践中各环节可能存在的弊端及解决方案。最后介绍了建造一艘船舶所用的工匠数与所用银两以及所用的木材数量。

《龙江船厂志》的突出特点在于它比较重视船厂管理的研究，这弥补了其他著述的不足，在当时起到了加强管理的作用。另外，它是一部重要的历史文献，不但包含了工厂管理和造船技术内容，还记录了明代度量衡、木材丈量法等内容。最后其对于鉴定郑和下西洋的宝船厂遗址，具有十分重要的历史价值。

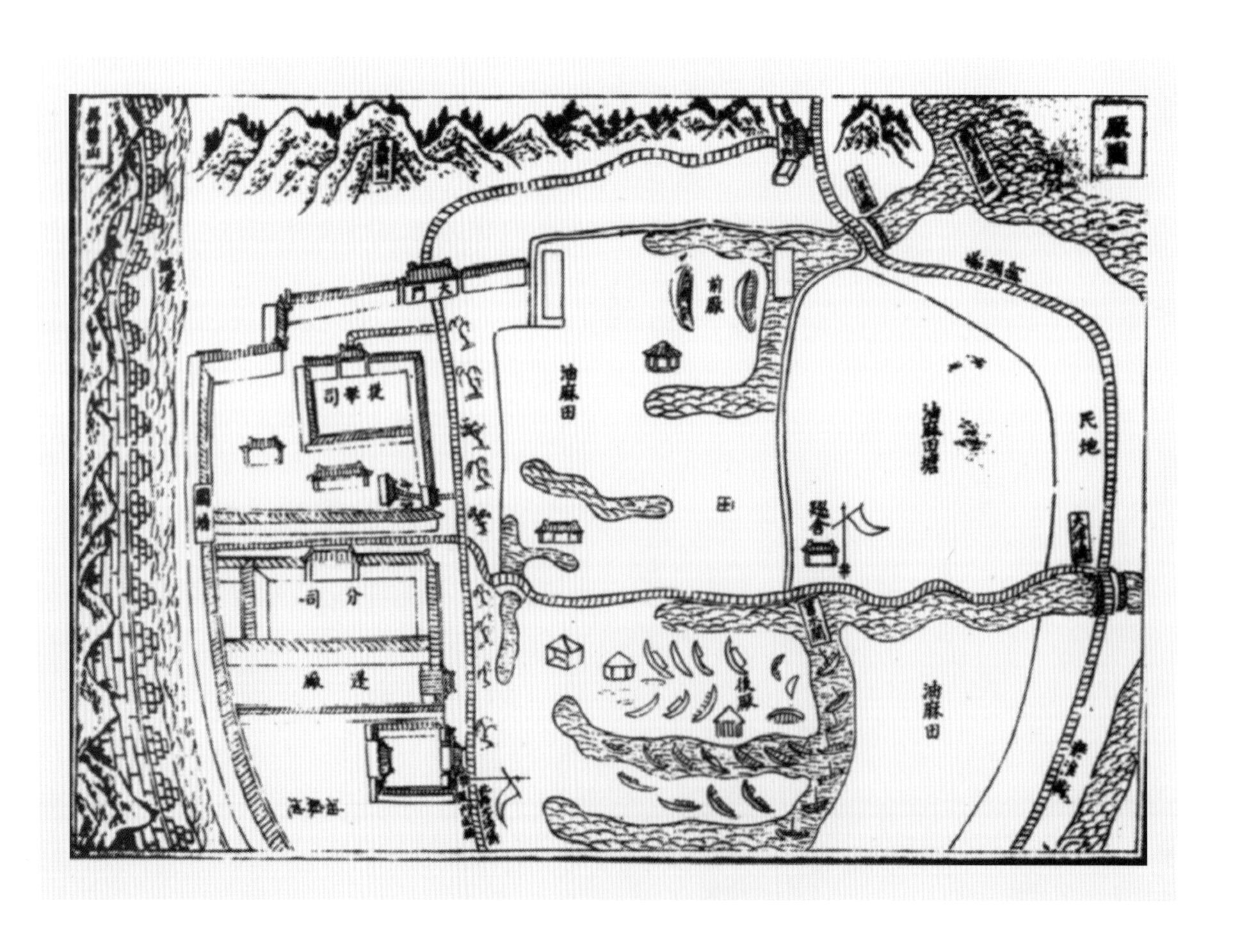

在造船类的著作中，沈啓的《南船纪》和李昭祥的《龙江船厂志》最为经典。两本专著从不同的角度出发来探讨造船之术，侧重点各有不同。《南船纪》以船为研究主体，探讨造船之术。《龙江船厂志》以龙江船厂为主体，记述船厂的组建、编制、规模、主要业务以及整个造船业的发展。《龙江船厂志》从厂的角度出发，不仅对造船技术深入研究，而且对龙江船厂的管理体系也深入探讨，将两者紧密结合起来综合研究。《龙江船厂志》是李昭祥根据多年的职业阅历和实践调查，同时又结合了很多文献资料编纂而成，其中引用较多的是《南船纪》一书。两本书通过不同的角度对造船技术进行了深入的剖析和说明，通过对这两本著作的系统的学习和研究，对我们还原中国古代造船技术和探讨其发展演变有着重要的作用和意义。

图 6-9　龙江船厂图

图 6-10　《龙江船厂志》中的大黄船图

龙江船厂遗址位于江苏省南京市鼓楼区三汊河地区郑和宝船遗址公园内，占地 13 万平方米，现存四、五、六作塘 3 个古船坞遗址，是明朝规模最大、专门建造战船的官办造船工场。2006 年 5 月 25 日，龙江船厂遗址被国务院核定为第六批全国重点文物保护单位。龙江船厂建于明代洪武初年，永乐年间，明成祖朱棣皇帝委派郑和出使西洋，龙江船厂担当建造大型宝船的任务。龙江船厂遗址东抵护城河，西北抵仪凤门，南北长 354 丈，东西宽 138 丈。由于明代的尺比现在的市尺略为小些，一尺为 0.311 米。按此换算成米制，厂区长 1 101 米，宽 469 米。它是国内目前保存面积最大的古代造船遗址，也是全球仅存的未经挖掘的 600 年前造船工业的文化遗产。

图 6-11　龙江船厂遗址内陈列的郑和宝船模型

第七章

中国出土的重要古船

对于古船来说，与其他文物最大的不同是它的不易保存性。由于其用木头材料制作，极容易腐化，因此留存到现在的古船实物非常之少，要想做到历史学家研究的文献记载与文物遗存互相印证非常困难。至今为止，中国发掘的古船样本极其有限，主要集中在宋、元、明时期，而且已经出水的十几艘古船也是极不完整。本章主要介绍了泉州宋船、南海一号和蓬莱古船这三种具有代表性的古船，其中南海一号古船保留的船体最为完整，给我们了解古代造船技术提供了帮助和依据。

蓬莱古船博物馆展出的一号元代古船

说起位于山东半岛最北端的蓬莱，很多人首先想到的是『人间仙境』和『八仙过海』的传说，其实这座与辽东半岛和朝鲜半岛隔海相望的城市，还是古代东方海上丝绸之路的起点之一，曾经是古代中国北方最大的港口——登州港。近年来，蓬莱区在古登州港清淤时陆续出土了四艘元明时期的古船以及大量文物。2012年，当地相关部门将发掘古船的原址，打造成为我国陈列古船数量最多、种类最丰富的蓬莱古船博物馆。值得一提的是，为更好地保护和展示古船遗址，博物馆主体建筑基本埋于地下。古船博物馆共展出文物900多件，走进序厅，首先看到的是一艘出土于1984年的一号元代古船，这艘当时的沿海巡防战舰，总长32.2米、宽6米，可搭载百名士兵，是我国已出土古船中最长的一艘，其龙骨、舱料、水密舱等很多独创的造船技术在当时领先世界。

泉州宋船

◢ 图 7-1　泉州古船发掘现场

1974 年，泉州湾后渚港发掘了一艘宋代沉船，由于泉州作为我国古代对外贸易重要港口的地位举世震惊，使得这一事件非常受关注。泉州古船出土被《考古》杂志列为“1974 年度全国十大考古发现”之一，1975 年新华社播发了新闻快讯，这是我国造船史、航海史研究的新起点。

在考古发掘的过程中，船体上方构件损坏严重，基本上只剩船底的残骸，专家学者结合《武备志》等古籍上记载的古船形象和其他考古手段，来考证沉船的年代和其他技术要素，确定了“先提出保护方案，后研究发掘方案”的方针。由于在这方面经验的欠缺，专家访问造船工人和老艄公，向省内外专家学者征求古船发掘保护方面的建议，到上海、南京、苏州、扬州等地取经，学习古船出土后的保护、加固等技术。

图 7–2　泉州湾古船陈列馆对挖掘现场的图片展示

泉州古船的发掘既有必然性也有偶然性，其过程也颇有戏剧性。1973 年，厦门大学历史系庄为玑教授等三人应邀前往泉州海交馆协助撰写陈列提纲，在此期间前往后渚考察，看到了在退潮时海滩下有一条沉船出现，从而获得了古船的线索。凭借多年的考古经验，庄为玑认为这艘沉船可能具有文物价值。在挖掘沉船的过程中，他们发现了香料、药材、青瓷片等物件，根据瓷片的年代初步推断沉船可能是宋代的。庄为玑在沉船上看到了三重板，根据《马可·波罗游记》记载当时的中国船是三重板结构，判定这可能是元代以前的古船。

从古沉船船体结构上来看，除龙骨外，舷侧板用三重木板，船壳板用二重木板。船的舱壁板采用杉木，板厚 100～120 毫米，保存较好，舱壁板与壳板的交界处装有由樟木制成的肋骨。古船共有 13 个舱，形制与宋船相符。泉州古船的船板上下左右之间的连接，大多采用榫接。缝隙则塞以麻丝、桐油灰等黏合物。此外，有的地方还用铁钉加固，这种先进的造船工艺保证了船体的坚固性与水密性。

古沉船船舱中出土的陶瓷器不少，按其釉色和造型，均为宋朝的制品。出土的铜钱，按其年号看，少数为唐钱，多数为北宋钱与南宋钱。年号最晚的是南宋的“咸淳元宝”（1265—1274 年）。船上没有发现宋代以后的铜钱，这对判定这艘海船的年代有较大的参考价值。从船舱出土物来看，数量最多的是香料木和药木等，都是我国从南洋诸国进口的大宗货物。

图 7-3　古船研究者考察泉州沉船情况

图 7-4　泉州古船陈列图和结构图

图 7-5　泉州湾古船出土的物品

1975年3月，新华社正式发布泉州湾宋代海船出土的消息，许多国家的新闻媒体纷纷转载，并称之为“世界考古珍闻”，是“中国近年来的重大考古收获”。其后还召开了“宋代泉州古船学术研讨会”，探讨宋元时期泉州刺桐港在海上交通、对外贸易上的重要地位，还积极筹建古船陈列馆，这些都成为泉州的宝贵文化遗产。泉州宋代古船的出土引起了国家的重视，并拨发了古船陈列馆筹建经费，郭沫若题写了“泉州湾古船陈列馆”，1979年国庆节正式开馆。

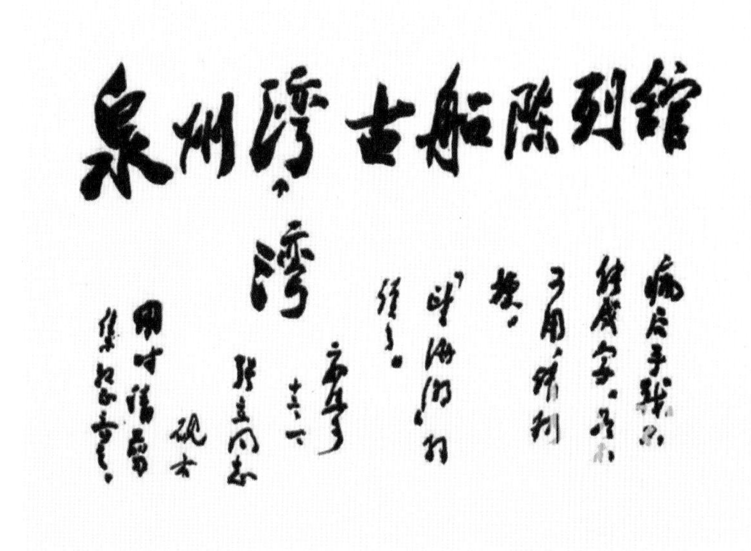

图7–6　郭沫若题写的泉州湾古船陈列馆馆名

泉州古船出土时，船体上部的结构已损坏无存，基本上只残留一个船底部。但是从残存的部分，经过发掘此船的专家庄为玑、庄景辉等的研究，仍然可以为我们呈现出其结构具有的时代特征和地方特色。

第一，泉州古船底部结构呈尖形，船身扁平，船的长度为24.2米，宽为9.15米，平面看去近似椭圆形。宋代的船只有平底和尖底两种造型，平底船不可入海，尖底船便于破浪，《宣和奉使高丽图经》一书记载：上面平如衡，下面侧如刃，则可以破浪而行。东南沿海的海道深阔、风力强、潮流急，船面宽、船底尖的泉州古船在这种自然条件下航行，吃水深、有较大的稳性，受到横向风吹袭时，横向移动较小，便于破浪前进而不影响航速。这种尖底船是我国东南海域船只的主要特点。船材主要是杉、松和樟木，船上共有13个船舱，大部分船舱都保存完好。船的龙骨由两段松木接合而成，全长为17.65米。

第二，泉州古船小方头阔尾，这是受到北方船型的特点影响而形成的。从破损的痕迹仍可看出小方头形状，这与尖形船头是截然不同的。船尾也只部分残存，很宽阔。舵底座保存尚好，用若干块大樟木叠合而成，出土时还留有三块，舵已不见，但从舵底座位的孔径可见舵杆是很粗大的。船的桅杆虽然无存，但从船舱中残存的桅底座看，至少有两根的桅杆。从这艘海船造型规模、船舱数多、载重量大、主要靠风帆的力量以推动船身前进等方面可以推测船尾至少还有一根桅杆，因而可以肯定它是一艘三桅以上的海船。宋代海船一般为 3 桅、4 桅，多至 12 桅。这船是属于中型的海船，载质量大约 200 吨。

第三，宋代的船只一般是肥短或方正的。泉州古船就有这个时代特征，其残长 24.2 米，残宽 9.15 米，船身扁阔，船身平面像椭圆形，长宽比较小，为 2.6∶1。这种短肥的结构虽然会导致航行速度受影响，但善于抵抗风浪的冲击，而增加稳定性。泉州湾宋船长大宽厚的龙骨（全长 17.65 米，宽 42 厘米，厚 27 厘米），是安装在壳板外面的。而船体两边的壳板外扩成四级阶梯状，加上船身扁阔，底尖吃水深等特点，构成一个完整的抗摇体系，有效地增强了船舶的稳性。在宋代，进出口的货物主要是一些如丝绸、香料等物品，这种船型船身宽阔体积大，容载量多，适于远洋运输。

第四，在船体结构方面，船上有 13 个船舱。《宋会要辑稿》也记载当时的海船一般是多隔舱的。宋末元初马可·波罗来华，看到的中国船有 13 个舱，他写道：比较大一些的船，在船身里面也有 13 个舱房，是用很坚固的木板，很紧地钉在一起，有很好很坚固的隔板把它们隔开。泉州古船由 12 道隔舱板将全船分成 13 个舱，所有的舱壁十分严密，水密程度很高。隔板与船壳用铁钩钉钩连在一起，并在两旁装置肋骨，以增加船体强度。隔舱板和肋骨两项设置都是我国造船史上的重要创造。这种水密隔舱的设置，提高了船体的安全性。2010 年 11 月 15 日，泉州的"水密隔舱福船制造技艺"被联合国教科文组织列入"急需保护的非物质文化遗产名录"。13 舱的结构，近代泉州沿海一带的货船还有沿用，并且有各种用途，如装货、住人、装工具等。

根据海船的造型和结构特点，可以认定这是一种尖底造型、多根桅杆、三重木板、多隔舱、载质量大、结构坚固、稳定性好、抗风力强、宜于远洋航行的海上货船。从出土船体观察，没有发现任何翻修的痕迹，是一艘建造不久使用时间不长的宋代海船。早在公元 7 世纪，我国建造的海船就以体积大，容量大，结构坚固，抗风力强而著称于世。及至宋元时代，我国造船业和航海术有了进一步的发展。当时，我国所造的海船，航行亚非各国海洋，成为经济、文化交流和传播友谊的工具。泉州湾这艘宋代海船的发现，为研究我国的造船史和航海史提供了宝贵的新资料。

船舱中出土的香料木和药木数量最多，占出土文物中的第一位。经科学部门初步鉴定，有香料木、胡椒、槟榔、乳香、龙涎、朱砂等，其中以香料木最多，胡椒次之。香料木出于全船各舱，长短粗细不一，有的还用绳索捆扎，未经完全脱水总质量达 2 350 多千克。经初步鉴定，有降真香、檀香、沉香等多种。胡椒出于船舱底部的黄色沉渣中，经淘净收集有 5 升左右。

海船出土的这些香药，多出产于东南亚、中东阿拉伯及非洲诸国，是我国宋代对外贸易的主要舶来商品。宋代泉州海外交通贸易发达，与亚非各国往来频繁，据史书记载，在输入的贸易品中，香药是其主要的一种。当时各种香药从泉州进口者甚多，人们甚至把这种从海外运载香药的海船誉称为“香料胡椒船”。这些香药的进口，对于中外医药的交流起着良好的作用。这艘海船大批香药的出土，是符合历史记载的，也说明出土海船是一艘海外贸易船。

泉州早在公元 6 世纪的南朝便开始成了对外通商贸易的重要港口，历经隋、唐、五代渐趋兴盛。到了宋元时期，泉州与亚非各国的通商贸易更加繁盛，当时的泉州港曾以“刺桐港”驰名中外，被誉称为“世界最大贸易港之一”。宋代泉州已有定期船只航行亚非各国进行贸易。北宋元祐二年（1087 年），在泉州设立市舶司，至今仍保留有水关的遗迹。我国与世界各国通过海上贸易，促进中外经济、文化交流和友好往来，建立了深厚的友谊。泉州后渚港这艘海船的发现和发掘，就是我国与世界各国源远流长的友好往来的历史见证。

南海一号

“南海一号”的发掘是我国水下考古事业在起步阶段获得的一个重要成就。1986 年，我国开始创建水下考古研究机构，开展水下考古活动，翌年便在广东海域发现了满载珍贵瓷器的宋代沉船“南海号”，震惊了世界。“南海一号”是南宋时期一艘在海上丝绸之路向外运送瓷器时失事沉没的木质古沉船，这是迄今为止世界上发现的海上沉船中年代最早、船体最大、保存最完整的远洋贸易商船，它的发掘可以为我国古代造船和航海技术、海上丝绸之路的研究提供重要的标本。

因为其位置处于南中国海，因此这艘南宋沉船被命名为“南海一号”。在它的上面打捞出一批珍贵文物，包括瓷器、铜器、镀金器、铁器共 247 件，以中国生产的瓷器为主。其后，国家先后对其组织了多次水下考古发掘。2007 年 12 月，按照“整体打捞、原址保护、就地展示”的原则，南海一号实现整体打捞，被存放在专门为其打造的广东海上丝绸之路博物馆“水晶宫”内，继续用同样条件的海水将其封存，保持原有状态。

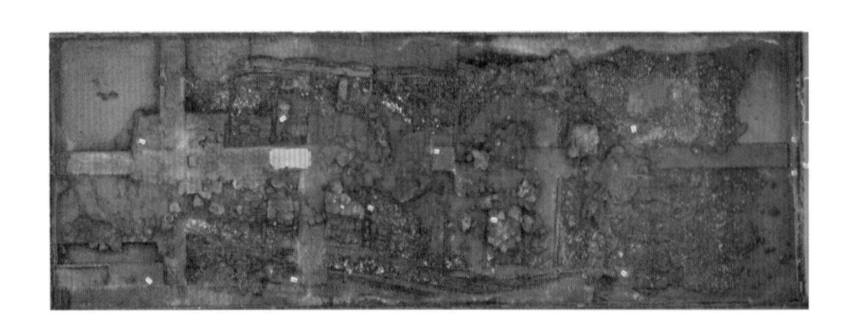

图 7–7　南海一号发掘遗址正射投影图

图 7-8　水晶宫外观

对于“南海一号”属于福船还是广船，人们一直有所争论。近年来，随着考古研究的深入，专家们倾向于认为“南海一号”属于福船的可能性较大。原因有三：用来建造“南海一号”的木材主要是松木和杉木，而广船使用的木材则与此不同；“南海一号”属于“短而肥”的船型，更符合福船的特征；船舷的多重木板紧密组合，像鱼鳞一般层层叠合，这样的结构，是宋朝福船的一个特点。

“南海一号”船体整体结构已经开始暴露，船舯部位已经显示出我国古船特有的多重鱼鳞搭接的结构，艏上翘起弧，基本保留至水线甲板，由此推测船体保留的垂线高度（型深）具有一定的尺度。考古人员在研究的过程中，发现“南海一号”沉船船壳建有 3 层外板，这是继宋朝古船发现采用减摇龙骨、平衡舵等先进造船技术发明之后，中国古代造船技术的又一最新重大发现。马可·波罗曾在《马可·波罗游记》中记述中国元朝海船建有 6 层外板的详细情况，但长期以来，中外文献均未见相关记载，考古发掘也没有实物出土，因此《马可·波罗游记》中的记载多被当作传说而未能引起世人重视。现在“南海一号”宋朝沉船 3 层外板船壳建造技术的发现刚好与马可·波罗的记载互为印证，证明宋船船壳 3 层外板的建造技术是世界造船史上重大技术创新。

中国古船的多层外板是经过复杂工艺搭接起来的复合外板，有效地解决了天然船材的厚度和长度限制，极大地增强了船体的强度和刚性。使用多层外板是中国古代造船技术的一项重要发明，显示出我国在造船领域的高超技艺。关于中国古船多层外板造船工艺，著名船史专家席龙飞提出：若用单层板，不仅弯板困难，而且有损于强度，是不可取的。但是，若采用二重板、三重板，两重板之间应不留空隙，以避免和减缓腐蚀，这就要求加工工艺十分精细。多层外板的船壳比单层外板更有韧性，在船只碰撞、遭遇海险时，其优势更为明显。可惜，多层外板造船工艺现已失传，福建等沿海造船未能延续使用。南海I号的发现，将推动我国对于这一失传的造船技术的复原研究，重新展现中国古代辉煌的造船技术成就。

根据船载货物的时代分析推测，沉船年代应属于南宋中晚期，也就是13世纪早中期，当时南海一号满载货物，应该是从泉州港口装货后，在前往南亚、西亚地区进行贸易活动的途中沉没于广东阳江市东平港以南约374米的南海海域。南海一号木船体残长约22.1米，船体保存最大船宽约9.35米，是目前世界上发现年代较早、船体较大、保存较完整的宋代远洋贸易商船。

南海一号是长宽比较小、安全系数高、耐波性好、装货量大的短肥性船型，属于中国古代三大船型中的福船类型，船体保存较好，存有一定的立体结构，较为鲜见，对于研究中国古代造船史、海外贸易史具有重要意义。截至2018年，共出土文物14万件，包括大量的瓷器、铁器、钱币，还有部分金银铜锡、竹木漆器以及动植物遗存等。其中，瓷器主要是当时南方著名窑口的产品，大部分源自江西、福建和浙江三省，以江西景德镇青白瓷、福建德化窑白瓷与青白瓷以及浙江龙泉窑系青釉瓷等为主。

木爪石碇是中国宋元时期航海木质帆船停泊固定船体的代表船具，由雕凿条状形“碇石”与木结构“爪”箍扎合成，“碇石”起重力和平衡的作用。南海一号的碇石是2007年“整体打捞”前期清理凝结物时打捞出水，花岗岩质，菱形，长3.1米，中间部位凿凹槽，重约420千克。为距今发现的形体、重量最大的宋代碇石。

图7–9　木爪石碇 ◥

图7–10　南海一号船舱 ▶

南海一号沉船分布轮廓面积约 179 平方米，设 14 道舱壁分隔成 15 舱，是目前所见舱数最多者，甚至超过马可 · 波罗在其行记中所说“若干最大船舶有最大舱十三所”的标准。南海一号的打捞、发掘和保护方式，向全世界展示了中国人守护水下文化遗产的智慧。在国家的支持下，南海一号沉船利用的是整体打捞，即把沉船、船载文物以及沉船周围的泥沙按照原状固定在特定的钢结构箱体内，将分散、易碎的文物一体化、一次性吊浮起运，并迁移到可人为控制的新环境中进行有计划的发掘和保护。南海一号有诸多世界之最：世界首创的沉箱法整体打捞技术、集多种功能和复杂工艺于一体的巨型钢沉井设计技术、水下 30 米的钢底托梁穿引技术、沉井定位技术和下沉过程监测技术、确保沉船原始环境不发生变化的保泥、保水技术、沉船保存环境的构建与维持技术。表明我国不仅有世界一流的造船和航海能力，而且有世界一流的沉船打捞、古船保护的能力。

宋朝是中国对外贸易最为发达的时期，海外商船络绎不绝，造船技术的改进层出不穷，是中国造船和航海技术史上的一座高峰。与郑和下西洋代表的中国古代官方远洋航海的高峰相对应，宋代活跃在海上丝路上的商船则是民间航海的高峰。郑和下西洋宣扬了国威、封赐了周边国家，宋代的海上贸易则在物质财富积累、文化交流方面做出了突出的贡献。南海一号展现了宋代造船技术的高度和水平，南海一号及其货物、生活舱浓缩了宋代中国的生活图景，印证了在两宋时期我国便是一个历史悠久的海洋性大国。

图 7–11　2014 年中国海博会展出的仿古船“南海一号”

图 7–12　南海一号上的瓷器

图 7–13　南海一号上的金腰带

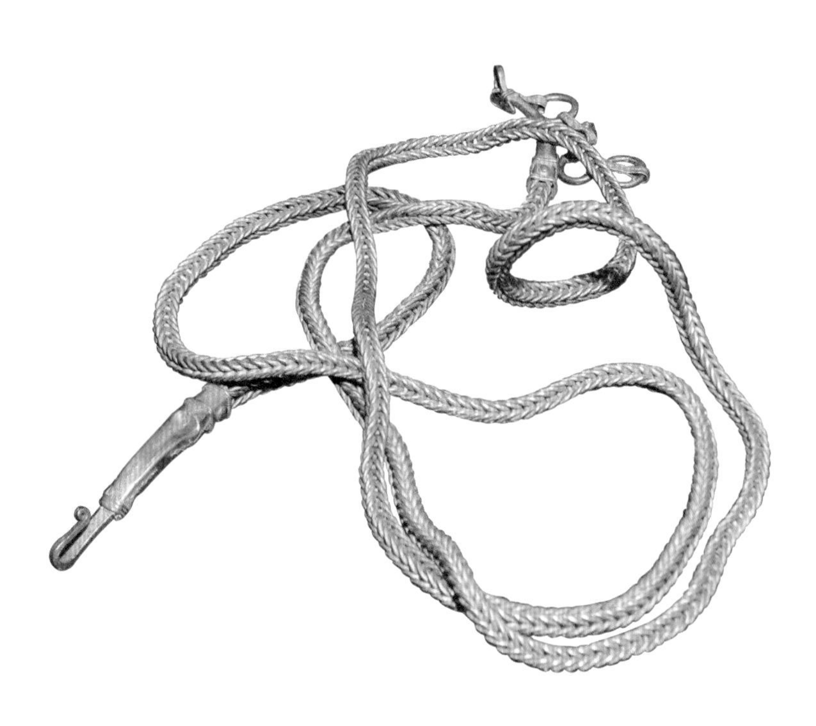

南海一号现已出水数千件完整瓷器，汇集了德化窑、磁灶窑、景德镇、龙泉窑等宋代著名窑口的陶瓷精品，品种超过 30 种，多数可定为国家一级、二级文物。南海一号还出土了许多“洋味儿”十足的瓷器，不少瓷器极具异域风格，从棱角分明的酒壶到有着喇叭口的大瓷碗，都具有浓郁的阿拉伯风情。南海一号出水的金手镯、金腰带、金戒指等黄金首饰，没有生锈，闪闪发亮。它们统一的特点是粗大——金腰带长 1.7 米，金手镯口径大过饭碗，粗过大拇指，足足超过四两（0.2 千克）。南海一号沉船点发现铜钱已达上万枚，这么多的货币一方面表明了船主的富裕，另一方面也表明当时南宋国力之盛，中国货币可以成为“海上丝路”的硬通货。除陶瓷这类人们熟知的中国特产外，那时科技领先的中国，还向世界输出铁器，800 多年后，它们已经面目全非。南海一号船舱里面还有两样比较大宗的货物，就是铁锅和铁钉。而在宋代，广东正是铁器盛产地。

南海一号是我国目前发掘的潜在价值最为巨大的古船，引起了水下考古、航海史、造船史等多个学科领域的专家的重视和关注。尤其是船体保存相当完好，木质仍坚硬如新。这艘沉船的打捞出海对推进我国古代造船技术、航海技术、文物保护、社会生活等领域的研究，提供了非常典型和全面的标本。南海一号正处在海上丝绸之路的航道上，其丰富的藏品数量和种类为我们当前进行一带一路的历史研究提供了最直接的素材。对这些宝贵的文物资源进行研究，可以使得古代中国造船史和海上丝路的历史更加清晰，也带动了海上丝绸之路研究的兴起。

蓬莱古船

蓬莱是以水城和神仙传说而让人熟知的，是国内现存最完整的古代水军基地遗址，1982 年被列入全国重点文物保护单位。蓬莱水城在宋朝时开始建造，到清朝末期逐渐废弃，前后经历了近千年。无论是水军发动的海战，还是贸易等民间经济来往，都在此留下了不少痕迹，近代以来，陆续有铁锚、石碇、陶瓷器等沉船遗物被渔民打捞上岸。作为重要的军事性港口，虽然在文献中有很多的相关记载，但是蓬莱在相当长一段时间内却并没有发掘到古代沉船等实物。

图 7–14　蓬莱古船博物馆

1984年，在蓬莱区开展大规模清淤工程的过程中，意外发现了沉睡水底600多年的古船。起初挖掘出一些陶瓷片、朽木、铁锚、货币等古代遗物，后来陆续有一些大的木头暴露出来，这些木头形状规则、排列有序，人们初步判断发现其应该是一艘古代沉船。这次清淤过程中共发现4艘古海船，其中两艘形制较为完整，两艘残损严重。受资金和技术力量所限，仅对其中一艘大型古船进行了发掘清理。其他古船则就地掩埋保护，后来在2005年重新进行了发掘。这些古代沉船样式特别，为中国古代造船史研究提供了难得一见的宝贵素材。同时，沉船的发现对于我们了解蓬莱水城的历史变迁和海外贸易、航海史都意义非凡。

经过两次考古发掘，蓬莱水城的沉船基本上得到了全面的挖掘和研究。1984年发掘的古船被编为1号船，保存较为完整，船体呈流线型，头尖尾方，底部两端上翘，横断面呈圆弧形，残存有14个舱。考古人员依照出土元代和明中晚期文物来判断，古船废弃年代应当不早于明代中晚期。

蓬莱1号古船是我国目前发现最长的海船，出土时残存的主要船体结构有艏柱、龙骨、舱壁、船舱、船板、桅座等。1号船主龙骨为松木，尾龙骨为樟木，艏柱亦用樟木。主龙骨支撑尾龙骨和艏柱，连接处都采用勾子同口连接形式，这一龙骨构造型式最早见于唐代木船，泉州湾宋代海船、宁波宋代海船也有所体现，属于中国传统的造船技术。另外，蓬莱古船均设有局部的抱梁肋骨，以固定舱壁，利于船舶强度与刚度的提升，以及舱壁和外板的水密性。

◤ 图7-15　蓬莱古船上的船木

◀ 图7-16　蓬莱古船上的火炮

▶ 图7-17　蓬莱1号古船

武汉理工大学教授席龙飞、顿贺等对1号古船进行了复原研究。复原后的1号古船长32.2米、宽6米、深2.6米、吃水1.8米，共有14个舱。立有首桅、主桅、尾桅三个桅杆。舵面积为7.5平方米。席龙飞教授根据复原古船形制，认为1号船为元末明初的古战船，这也得到了大多数学者的认同。

蓬莱水城建立之初，就是作为军事港口使用的，这种军事性贯穿蓬莱水城发展的始终。宋朝为防御契丹族南侵蓬莱水城始建，停泊刀鱼战舰，时称刀鱼寨。后元朝仍然沿用，照旧驻扎水师，用以巡逻登州海面和出洋防哨。明朝时，在宋朝“刀鱼寨”基础上加筑城防，建起“备倭城”，以防沿海倭患。明朝将蓬莱水城的军事用途发展到了顶峰，使水城真正建设成为中国古代少有的水军军事基地。清朝继续沿用明朝蓬莱水城的形制和功用。

蓬莱水城出土古船中属于战船的是1号和2号古船，1号船属明中晚期，2号船年代为明晚期。这两艘战船形制相近，皆作瘦长流线型，便于快速航行。从船上所载物品来看，1号船伴出器物较少，属船用兵器的只有若干石球。2号船出土船用兵器有灰瓶（瓶内装石灰，抛击敌人）、石球。1、2号战船体形巨大、船体构造先进、伴出有部分船用兵器，这充分反映了明代水军的强大。蓬莱水城能有如此少见的大型舰船，可见其在明代海防中的重要地位。

图7–18　蓬莱2号古船

结语

古代造船技术的历史意义与当代价值

中国古代的造船技术在世界上独树一帜，其不断进行的技术创新，推动了中国和世界的造船、航海技术及相关行业的发展。从内河到近海，再到远洋，发达的造船技术使得人类活动的范围不断向外扩展，这一切都需要先进的造船技术作为基础。由此而来的是海上丝绸之路的开拓，沟通了东西方之间的贸易和政治、经济、文化交流。造船技术、航海技术、海外贸易是相互联系的一个整体，中国依托这些在世界上居于领先地位的优势开辟了一条条海上航线，与日本、朝鲜、印度、越南、菲律宾、印尼等亚洲国家有着频繁的交往，后来延伸到阿拉伯地区，甚至远到欧洲和非洲地区。由秦汉到唐宋再到明清，中国造船技术不断地臻于成熟，而且出现了很多国际性的港口和贸易中心，如广州、福州、泉州、宁波等，来自东南亚、阿拉伯的商人云集于此，帆樯林立。郑和下西洋是中国古代造船和航海技术的巅峰时期，无论是舰船的体量还是豪华程度，以及船上所载货物的丰富和珍贵，都是空前的。郑和所到之处受到了世界各地人们的热烈欢迎，中国不仅播撒了和平相处的外交友谊，而且其货物成为国际贸易中的抢手货，中国的钱币成为当时的流通货币，这些与西方大航海时代的侵略行为截然相反。

从明朝中期后期开始，造船技术逐渐衰落，由此导致的是中国的海上军事力量逐渐减弱，而同时期的西方造船和航海技术却在突飞猛进地增长，海上军事力量也取得了压倒世界其他地区的优势。到鸦片战争之前，中国的海军力量已经全方位衰退，1840 年的鸦片战争带来了惨痛的历史教训，国家受辱，民众遭难。这固然与清政府重陆地轻海洋的军事建设战略有关系，但其中的根本原因之一还是在于中国造船和航海技术的停滞不前引起的海上军事力量的衰落。

中国造船技术发展的历史画卷，承载了中国古代深厚的文化和先进的技术能力，促进了中国的贸易和对外交流的发展，也见证了中国国力的上升与衰退。明朝的“海禁”政策、清朝的闭关锁国，这些都导致了中国造船技术的停滞和整个社会发展的固步自封，中国最终失去了往日的优势和荣光。同为东亚国家的日本，一直都把中国作为自己学习的榜样，尤其是在明治维新以后，积极学习吸收中国造船技术和其他方面的先进成果，并同时向西方学习，一跃成为东亚强国，进而成为世界强国。从古代到近代的造船技术发展史，及其引起的一系列变化和后果，在当今看来，依然有着重要的启迪和价值。

第一，造船和航海技术的高低，决定了大国崛起过程中的海权基础。欧美国家在崛起的过程中都比较注重对海权的掌控，进而依托海权的强大去征服世界各地，建立霸权。马汉的《海权论》风靡一时，影响力很大，使得世界各国都纷纷意识到海权的重要性，进而都开始发展自己的海权。要想在海权上占据优势，最重要的能力便是造船技术和航海技术的提升。有着发达的造船技术，可以造出性能先进、优良的船只，可以造出体形更为巨大的船只，这些都会转化为一个国家征服海洋、征服世界的能力。海军的产生最初是为了保疆卫国，将外来侵略者或者海盗驱赶走，保证当地正常的生产生活秩序。但是，逐渐地，尤其是在西方国家，海军成为一种强有力的对外工具，用来控制海上通道、占领殖民地，成为一些国家推行对外霸权所依赖的重要力量。当然，从另一方面来说，海军是一个国家保持独立自主和繁荣富强的必要保证，进可攻，退可守。在人类进入海洋时代之后，任何国家想拥有国际地位，就必须拥有强大的海军，海上力量变得越来越重要。而这一切的基础都在于造船技术和航海技术的高低，战舰代表着国家的综合国力，它刺激着社会生产力的发展和科学技术的进步，而到了清朝时期中国军事实力的衰落也就是从造船和航海技术的衰落开始的，鸦片战争、甲午战争，都体现了海权对陆权的征服。我国古代的造船技术的兴衰直接影响着当时期海军的力量，影响着当时期国家的综合国力与政治地位。例如：在郑和下西洋的时候，我国古代的造船技术达到了鼎盛时期，当时明朝的海上军事力量与综合国力是十分强大的。在 16—17 世纪，依靠海上力量的强大而崛起的欧洲霸权国西班牙和葡萄牙征服了美洲，并获得了大量的黄金和白银，增强了国力。而第七次下西洋却成了中国古代航海事业的绝唱，中国海上力量走向衰落，占据优势的海权被西方殖民者取代。到了清朝时期，整个社会处于停滞不前的状态，造船技术不进则退，海上力量与之前的辉煌不可同日而语，综合国力与西方的差距越来越大，最终沦落到半封建半殖民的地步。今天，我国的造船和航海技术重新位居世界前列，我国的海军力量建设也取得了长足的发展，有力地捍卫了中国领海的安全和主权完整，中国的海上投放能力增强，正在从一个陆基大国转变为一个海陆兼备的世界新型大国，努力实现着中华民族伟大复兴的使命。

第二，造船和航海技术的兴盛，意味着一个国家的开放程度，失去海洋则意味着失去世界。伴随着造船和航海技术的发展，我国的对外交流日益频繁，与很多国家建立了友好关系，经济贸易、文化、政治、军事等各个方面都发生着密切接触。中华文明的博大精深从海上丝绸之路走向世界，世界各地的有特色的民族文化也从海上丝绸之路走入中国。这种文明之间的交融，在交通并不发达的古代，严重依托于造船和航海技术的成长。有先进的造船技术，才有先进的船，才会有中外之间的交流和融合。因此，船兴意味着开放，对海洋关上大门则将意味着落后，将会失去世界。秦汉时期实行较为开放的对外政策，经营了最早的丝绸之路，扩大了中国与世界的交往，造船技术有了极大的发展，徐福东渡、汉代的海上贸易的繁盛都与这种开放的氛围有关系。唐宋时期，是中国经济、文化的成熟和繁荣时期，也是造船技术的成熟时期，《清明上河图》代表的内河的繁华，以及远洋贸易代表的海上的繁华景象，都是国家实行开放的对外政策、大力发展海外贸易的必然结果。郑和下西洋，将我国的文明传播到了四面八方。但是，后来随着明朝海禁政策的推行，直到清朝，出去的船只很少，进来的船只更少，中国在海洋上的对外交流繁荣景象成为历史。中国越来越以天朝上国自居，封闭海洋，认为其他国家都是蛮夷小国，中华帝国一统天下，闭目不看外界的发展和变化，与世隔绝。等到鸦片战争重新打开中国的门户，中国开始睁眼看世界的时候，才发现海洋那一边的西方国家和我们的发展已经不可同日而语了。因此，现在的国家都很注重海上贸易的开放，各个国家都加强了对舰船、海洋、资源、环境等方面的研究，围绕海洋问题，制定了一系列的战略规划，21 世纪是海洋的世纪，谁在海洋上占得先机，谁就会在世界上占得优势地位。

第三，造船和航海技术的进步，是一个国家综合国力的一部分，意味着国家的兴盛和富强。现代大国的竞争是综合国力比拼的一个过程，其中有很多重要的因素，而造船和航海技术绝对是不可缺少的一个部分。秦汉时期的楼船、三国时期的斗舰和艨艟、东晋时期的八槽舰、隋朝的五牙舰、唐朝海鹘船、元朝的海上大征伐、明朝的郑和下西洋，以及各种高超的造船技艺如水密舱壁技术、车轮舟技术、指南针、减摇龙骨与披水板等，无不彰显着中国造船和航海技术的世界一流水平，及作为一个世界大国的强劲实力。现在，中国的造船业已经连续多年位居世界第一位，这是我们作为一个海洋性大国、一个综合实力强劲的大国的重要标志，无论是建造吨位巨大的船只，还是建造性能优良的货船和战舰，我们的技术水平和能力都处于世界一流的位置。在造船和航海方面，我们已经是一个强盛的国家，有足够的力量投放到民用和军用方面，这对于增强中华民族的自信心和自强心是莫大的激励。国家当前建设一带一路工程，我们在陆地上和海洋上，都有力地保障了这一工程的实施，造福于我国和世界各国人民。

纵观中国古代造船业由盛到衰的历史，我们可以看到，造船技术兴盛的背后，是一个国家生产力发展、思想开放、综合国力提升等因素综合影响下的一个互动过程。在走向海洋的过程中，中国和西方国家走了一条完全不同的道路，西方国家拥抱海洋，在造船和航海技术上后来居上，并最终确立了对中国和其他地区国家的霸权和优势。在科技发展日新月异的今天，我们回看历史，更应该认识到造船和航海技术的历史意义与当代价值，加快建设海洋强国。在国家走向深蓝战略的指导下，我们应该继承中国传统舟船文化，推广海洋文化和海洋意识，保持目前居于世界领先地位的造船和航海技术水平，把我国建设成为一个海陆兼备的现代化大国、强国。